Carl Friedrich Gauss, A. Wangerin

Allgemeine Lehrsätze in Beziehung auf die im verkehrten Verhältnisse des Quadrats der Entfernung ....

Carl Friedrich Gauss, A. Wangerin

Allgemeine Lehrsätze in Beziehung auf die im verkehrten Verhältnisse des Quadrats der Entfernung .....

ISBN/EAN: 9783743316706

Hergestellt in Europa, USA, Kanada, Australien, Japan

Cover: Foto ©berggeist007 / pixelio.de

Manufactured and distributed by brebook publishing software (www.brebook.com)

Carl Friedrich Gauss, A. Wangerin

Allgemeine Lehrsätze in Beziehung auf die im verkehrten Verhältnisse des Quadrats der Entfernung.....

Allgemeine Lehrsätze

in Beziehung auf

die im verkehrten Verhältnisse des Quadrats der Entfernung wirkenden Anziehungs- und Abstossungs-Kräfte

von

Carl Friedrich Gauss.

Aus „Resultate aus den Beobachtungen des magnetischen Vereins im Jahre 1839." Leipzig, Weidmann'sche Buchhandlung. 1840.

1.

Die Natur bietet uns mancherlei Erscheinungen dar, welche wir durch die Annahme von Kräften erklären, die von den kleinsten Theilen der Substanzen auf einander ausgeübt werden, und den Quadraten der gegenseitigen Entfernungen umgekehrt proportional sind.

Vor allen gehört hierher die allgemeine Gravitation. Vermöge derselben übt jedes ponderable Molecül μ auf ein anderes μ' eine bewegende Kraft aus, welche, wenn man die Entfernung $= r$ setzt, durch $\frac{\mu\mu'}{r^2}$ ausgedrückt wird, und eine Annäherung in der Richtung der verbindenden geraden Linie hervorzubringen strebt.

Wenn man zur Erklärung der magnetischen Erscheinungen zwei magnetische Flüssigkeiten annimmt, wovon die eine als positive Grösse, die andere als negative betrachtet wird, so üben zwei derartige Elemente μ, μ' gleichfalls eine bewegende Kraft auf einander aus, welche durch $\frac{\mu\mu'}{r^2}$ gemessen wird, und in der verbindenden geraden Linie wirkt, aber als Abstossung, wenn μ, μ' gleichartig, als Anziehung, wenn sie ungleichartig sind.

Ganz ähnliches gilt von der gegenseitigen Wirkung der Theile der elektrischen Flüssigkeiten auf einander.

Das linearische Element ds eines galvanischen Stroms übt auf ein Element des magnetischen Fluidums μ (wenn wir letzteres [2] zulassen) ebenfalls eine bewegende Kraft aus, die dem Quadrate der Entfernung r umgekehrt proportional ist: aber hier tritt zugleich der ganz abweichende Umstand ein, dass die Richtung der Kraft nicht in der verbindenden geraden Linie, sondern senkrecht gegen die durch μ und die Richtung von ds gelegte Ebene ist, und dass ausserdem die Stärke der Kraft nicht von der Entfernung allein, sondern zugleich von dem Winkel abhängt, welchen r mit der Richtung von ds macht. Nennt man diesen Winkel θ, so ist $\dfrac{\sin\theta \cdot \mu \, ds}{r^2}$ das Maass der bewegenden Kraft, welche ds auf μ ausübt, und eben so gross ist die von μ auf das Stromelement ds oder dessen ponderabeln Träger ausgeübte Kraft, deren Richtung der ersteren entgegengesetzt parallel ist.

Wenn man mit Ampère annimmt, dass zwei Elemente von galvanischen Strömen ds, ds' in der sie verbindenden geraden Linie anziehend oder abstossend auf einander wirken, so nöthigen uns die Erscheinungen, diese Kraft gleichfalls dem Quadrate der Entfernung umgekehrt proportional zu setzen, zugleich aber erfordern jene eine etwas verwickeltere Abhängigkeit von der Richtung der Stromelemente.

Wir werden uns in dieser Abhandlung auf die drei ersten Fälle oder auf solche Kräfte einschränken, die sich in der Richtung der geraden Linie zwischen dem Elemente, welches wirkt, und demjenigen, auf welches gewirkt wird, äussern, und schlechthin dem Quadrate der Entfernung umgekehrt proportional sind; obwohl mehrere Lehrsätze mit geringer Veränderung auch bei den andern Fällen ihre Anwendung finden, deren ausführliche Entwickelung einer andern Abhandlung vorbehalten bleiben muss.

2.

Wir bezeichnen mit a, b, c die rechtwinkligen Coordinaten eines materiellen Punktes, von welchem aus eine abstossende oder anziehende Kraft wirkt; die beschleunigende Kraft selbst in einem unbestimmten Punkte O, dessen Coordinaten x, y, z sind, mit

$$\frac{\mu}{(a-x)^2 + (b-y)^2 + (c-z)^2} = \frac{\mu}{r^2},$$

Allgemeine Lehrsätze.

[3] wo also μ für den ersten Fall des vorhergehenden Artikels die im ersten Punkte befindliche ponderable Materie, im zweiten und dritten das Quantum magnetischen oder elektrischen Fluidums ausdrückt. Wird diese Kraft parallel mit den drei Coordinatenaxen zerlegt, so entstehen daraus die Componenten

$$\frac{\varepsilon\mu(a-x)}{r^3},\quad \frac{\varepsilon\mu(b-y)}{r^3},\quad \frac{\varepsilon\mu(c-z)}{r^3},$$

wo $\varepsilon = +1$ oder $= -1$ sein soll, je nachdem die Kraft anziehend oder abstossend wirkt, was sich nach der Beschaffenheit des Wirkenden und des die Wirkung Empfangenden von selbst entscheidet. Diese Componenten stellen sich dar als die partiellen Differentialquotienten

$$\frac{\partial \frac{\varepsilon\mu}{r}}{\partial x},\quad \frac{\partial \frac{\varepsilon\mu}{r}}{\partial y},\quad \frac{\partial \frac{\varepsilon\mu}{r}}{\partial z}.$$

Wirken also auf denselben Punkt O mehrere Agentien μ^0, μ', μ'' u. s. f. aus den Entfernungen r^0, r', r'' u. s. f., und setzt man

$$\frac{\mu^0}{r^0}+\frac{\mu'}{r'}+\frac{\mu''}{r''}+ \text{u. s. f.} = \Sigma\frac{\mu}{r} = V,$$

so werden die Componenten der ganzen in O wirkenden Kraft durch

$$\varepsilon\frac{\partial V}{\partial x},\quad \varepsilon\frac{\partial V}{\partial y},\quad \varepsilon\frac{\partial V}{\partial z},$$

dargestellt.

Wenn die Agentien nicht aus discreten Punkten wirken, sondern eine Linie, eine Fläche oder einen körperlichen Raum stetig erfüllen, so tritt an die Stelle der Summation Σ eine einfache, doppelte oder dreifache Integration. Der letzte Fall ist an sich allein der Fall der Natur: allein da man oft dafür, unter gewissen Einschränkungen, fingirte in Punkten concentrirte, oder auf Linien oder Flächen stetig vertheilte Agentien substituiren kann, so werden wir jene Fälle mit in unsere Untersuchung ziehen, wobei es unanstössig sein wird, von Massen, die auf einer Fläche oder Linie vertheilt, oder in einem Punkt concentrirt sind, zu reden, insofern der Ausdruck Masse hier nichts weiter bedeutet, als dasjenige, wovon Anziehungs- oder Abstossungs-Kräfte ausgehend gedacht werden.

[4] **3.**

Indem wir also, für jeden Punkt im Raume, mit x, y, z dessen rechtwinklige Coordinaten, und mit V das Aggregat aller wirkenden Massentheilchen, jedes mit seiner Entfernung von jenem Punkte dividirt, bezeichnen, wobei nach den jedesmaligen Bedingungen der Untersuchung negative Massentheilchen entweder ausgeschlossen oder als zulässig betrachtet werden mögen, wird V eine Function von x, y, z, und die Erforschung der Eigenthümlichkeiten dieser Function der Schlüssel zur Theorie der Anziehungs- und Abstossungskräfte selbst sein. Zur bequemern Handhabung der dazu dienenden Untersuchungen werden wir uns erlauben, dieses V mit einer besondern Benennung zu belegen, und diese Grösse das *Potential* der Massen, worauf sie sich bezieht, nennen. Für unsre gegenwärtige Untersuchung reicht diese beschränktere Begriffsbestimmung hin: im weitern Sinne könnte man sowohl für Betrachtung anderer Anziehungsgesetze, als im umgekehrten Verhältniss des Quadrates der Entfernung, als auch für den vierten im Art. 1 erwähnten Fall unter Potential die Function von x, y, z verstehen, deren partielle Differentialquotienten die Componenten der erzeugten Kraft vorstellen.

Bezeichnen wir die ganze in dem Punkte x, y, z stattfindende Kraft mit p, und die Winkel, welche ihre Richtung mit den drei Coordinatenaxen macht, mit α, β, γ, so sind die drei Componenten

$$p \cos \alpha = \varepsilon \frac{\partial V}{\partial x}, \quad p \cos \beta = \varepsilon \frac{\partial V}{\partial y}, \quad p \cos \gamma = \varepsilon \frac{\partial V}{\partial z}$$

und

$$p = \sqrt{\left(\frac{\partial V}{\partial x}\right)^2 + \left(\frac{\partial V}{\partial y}\right)^2 + \left(\frac{\partial V}{\partial z}\right)^2}.$$

4.

Ist ds das Element einer beliebigen geraden oder krummen Linie, so sind $\frac{dx}{ds}, \frac{dy}{ds}, \frac{dz}{ds}$ die Cosinus der Winkel, welche jenes Element mit den Coordinatenaxen macht; bezeichnet also θ den Winkel zwischen der Richtung des Elements und [5] der Richtung, welche die resultirende Kraft daselbst hat, so ist

$$\cos \theta = \frac{dx}{ds} \cdot \cos \alpha + \frac{dy}{ds} \cdot \cos \beta + \frac{dz}{ds} \cdot \cos \gamma.$$

Die auf die Richtung von ds projicirte Kraft wird folglich

$$p \cos \theta = \varepsilon \left(\frac{\partial V}{\partial x} \cdot \frac{dx}{ds} + \frac{\partial V}{\partial y} \cdot \frac{dy}{ds} + \frac{\partial V}{\partial z} \cdot \frac{dz}{ds} \right) = \varepsilon \frac{\partial V}{\partial s}.$$

Legen wir durch alle Punkte, in welchen das Potential V einen constanten Werth hat, eine Fläche, so wird solche, allgemein zu reden, die Theile des Raumes, wo V kleiner ist, von denen scheiden, wo V grösser ist als jener Werth. Liegt die Linie s in dieser Fläche, oder tangirt sie wenigstens dieselbe mit dem Element ds, so ist $\frac{\partial V}{\partial s} = 0$. Falls also nicht an diesem Platze die Bestandtheile der ganzen Kraft einander destruiren, oder $p = 0$ wird, in welchem Falle von einer Richtung der Kraft nicht mehr die Rede sein kann, muss nothwendig $\cos \theta = 0$ sein, woraus wir schliessen, dass die Richtung der resultirenden Kraft in jedem Punkte einer solchen Fläche gegen diese selbst normal ist, und zwar nach derjenigen Seite des Raumes zu, wo die grösseren Werthe von V angrenzen, wenn $\varepsilon = +1$ ist; nach der entgegengesetzten, wenn $\varepsilon = -1$ ist. Wir nennen eine solche Fläche eine *Gleichgewichtsfläche*. Da durch jeden Punkt eine solche Fläche gelegt werden kann, so wird die Linie s, falls sie nicht ganz in Einer Gleichgewichtsfläche liegt, in jedem ihrer Punkte eine andere treffen. Durchschneidet s alle Gleichgewichtsflächen unter rechten Winkeln, so stellt eine Tangente an jener Linie überall die Richtung der Kraft, und $\frac{\partial V}{\partial s}$ ihre Stärke dar.

Das Integral $\int p \cos \theta \cdot ds$, durch ein beliebiges Stück der Linie s ausgedehnt, wird offenbar $= \varepsilon (V' - V^0)$, wenn V^0, V' die Werthe des Potentials für den Anfangs- und Endpunkt bedeuten. Ist also s eine geschlossene Linie, so wird jenes Integral, durch die ganze Linie erstreckt, $= 0$ werden.

5.

Es ist von selbst klar, dass das Potential in jedem Punkte [6] des Raumes, der *ausserhalb* aller anziehenden oder abstossenden Theilchen liegt, einen assignabeln Werth erhalten muss; dasselbe gilt aber auch von dessen Differentialquotienten, sowohl erster als höherer Ordnung, da diese in jener Voraussetzung gleichfalls die Form von Summen assignabler Theile oder von Integralen solcher Differentiale annehmen, in denen die Coefficienten durchaus assignable Werthe haben. So wird

$$\frac{\delta V}{\delta x} = \Sigma \frac{(a-x)\mu}{r^3},$$

$$\frac{\delta^2 V}{\delta x^2} = \Sigma \left(\frac{3(a-x)^2}{r^5} - \frac{1}{r^3} \right) \mu,$$

$$\frac{\delta V}{\delta y} = \Sigma \frac{(b-y)\mu}{r^3},$$

$$\frac{\delta^2 V}{\delta y^2} = \Sigma \left(\frac{3(b-y)^2}{r^5} - \frac{1}{r^3} \right) \mu,$$

$$\frac{\delta V}{\delta z} = \Sigma \frac{(c-z)\mu}{r^3},$$

$$\frac{\delta^2 V}{\delta z^2} = \Sigma \left(\frac{3(c-z)^2}{r^5} - \frac{1}{r^3} \right) \mu.$$

Die bekannte Gleichung

$$\frac{\delta^2 V}{\delta x^2} + \frac{\delta^2 V}{\delta y^2} + \frac{\delta^2 V}{\delta z^2} = 0$$

gilt also für alle Punkte des Raumes, die ausserhalb der wirkenden Massen liegen.

6.

Unter den verschiedenen Fällen, wo der Werth des Potentials V oder seiner Differentialquotienten für einen nicht ausserhalb der wirkenden Massen liegenden Punkt in Frage kommt, wollen wir zuerst den Fall der Natur betrachten, wo die Massen einen bestimmten körperlichen Raum mit gleichförmiger oder ungleichförmiger, aber überall endlicher Dichtigkeit ausfüllen.

Es sei t der ganze Raum, welcher Masse enthält; dt ein unendlich kleines Element desselben, welchem die Coordinaten a, b, c und das Massenelement $k\mathrm{d}t$ entsprechen; ferner sei V [7] das Potential in dem Punkte O, dessen Coordinaten x, y, z, also die Entfernung von jenem Element

$$\sqrt{(a-x)^2 + (b-y)^2 + (c-z)^2} = r.$$

Es wird folglich

$$V = \int \frac{k\mathrm{d}t}{r}$$

durch den ganzen Raum t ausgedehnt, was eine dreifache Integration implicirt. Man sieht leicht, dass eine wahre Integration stattnehmig ist, auch wenn O innerhalb des Raumes sich befindet, obgleich dann $\frac{1}{r}$ für die unendlich nahe bei O liegenden Elemente unendlich gross wird. Denn wenn man anstatt a, b, c Polarcoordinaten einführt, indem man

$$a = x + r\cos u, \quad b = y + r\sin u \cos \lambda, \quad c = z + r\sin u \sin \lambda$$

setzt, so wird $dt = r^2 \sin u \,.\, du \,.\, d\lambda \,.\, dr$, mithin

$$V = \iiint kr \sin u \,.\, du \,.\, d\lambda \,.\, dr,$$

wo die Integration in Beziehung auf r von $r = 0$ bis zu dem an der Grenze von t stattfindenden Werthe, von $\lambda = 0$ bis $\lambda = 2\pi$, und von $u = 0$ bis $u = \pi$ ausgedehnt werden muss. Es wird also nothwendig V einen bestimmten endlichen Werth erhalten. Man sieht ferner leicht ein, dass man auch hier

$$\frac{\delta V}{\delta x} = \int k \, dt \cdot \frac{\delta \frac{1}{r}}{\delta x} = \int \frac{k(a-x)dt}{r^3} = X$$

setzen darf. Die Befugniss dazu beruht darauf, dass auch dieser Ausdruck, welcher unter Anwendung von Polarcoordinaten in

$$\iiint k \cos u \,.\, \sin u \,.\, du \,.\, d\lambda \,.\, dr$$

übergeht, einer wahren Integration fähig ist, also X einen bestimmten endlichen Werth erhält, der sich nach der Stetigkeit ändert, weil alle in unendlicher Nähe bei O liegenden Elemente nur einen unendlich kleinen Beitrag dazu geben. Aus ähnlichen Gründen darf man auch

$$\frac{\delta V}{\delta y} = \int \frac{k(b-y)dt}{r^3} = Y,$$

$$\frac{\delta V}{\delta z} = \int \frac{k(c-z)dt}{r^3} = Z$$

[8] setzen, und diese Grössen erhalten daher, ebenso wie V, innerhalb t bestimmte nach der Stetigkeit sich ändernde Werthe. Dasselbe wird auch noch auf der Grenze von t gelten.

7.

Was nun aber die Differentialquotienten höherer Ordnungen betrifft, so muss für Punkte innerhalb t ein anderes Verfahren eintreten, da es z. B. nicht verstattet ist, $\frac{\delta X}{\delta x}$ in

$$\int k\, dt \cdot \frac{\delta \frac{a-x}{r^3}}{\delta x},$$

d. i. in
$$\int k \left(\frac{3(a-x)^2 - r^2}{r^5} \right) dt$$

umzuformen, indem dieser Ausdruck, genau betrachtet, nur ein Zeichen ohne bestimmte klare Bedeutung sein würde. Denn in der That, da sich innerhalb jedes auch noch so kleinen Theils von t, welcher den Punkt einschliesst, Theile nachweisen lassen, über welche ausgedehnt dieses Integral jeden vorgegebenen Werth, er sei positiv oder negativ, überschreitet, so fehlt hier die wesentliche Bedingung, unter welcher allein dem ganzen Integrale eine klare Bedeutung beigelegt werden kann, nämlich die Anwendbarkeit der Exhaustionsmethode.

8.

Ehe wir diese Untersuchung in ihrer Allgemeinheit vornehmen, wird es zur Fixirung der Vorstellungen nützlich sein, einen sehr einfachen speciellen Fall zu betrachten.

Es sei t eine Kugel, deren Halbmesser $= R$ ist, und deren Mittelpunkt mit dem Anfangspunkte der Coordinaten zusammenfällt; die Dichtigkeit der die Kugel erfüllenden Masse sei constant $= k$, und den Abstand des Punktes O vom Mittelpunkte bezeichnen wir mit $\varrho = \sqrt{x^2 + y^2 + z^2}$. Bekanntlich hat das Potential zwei verschiedene Ausdrücke, je nachdem O innerhalb der Kugel, oder ausserhalb liegt. Im erstern Fall ist nämlich

$$V = 2\pi k R^2 - \tfrac{2}{3}\pi k \varrho^2 = 2\pi k R^2 - \tfrac{2}{3}\pi k (x^2 + y^2 + z^2),$$

im zweiten hingegen

[9]
$$V = \frac{4\pi k R^3}{3\varrho}.$$

Auf der Oberfläche der Kugel geben beide Ausdrücke einerlei Werth $\tfrac{4}{3}\pi k R^2$, und das Potential ändert sich daher im ganzen Raume nach der Stetigkeit.

Für die Differentialquotienten erhalten wir im innern Raume

$$\frac{\delta V}{\delta x} = X = -\tfrac{4}{3}\pi k x,$$
$$\frac{\delta V}{\delta y} = Y = -\tfrac{4}{3}\pi k y,$$

$$\frac{\partial V}{\partial z} = Z = -\tfrac{4}{3}\pi k z,$$

im äussern Raume hingegen

$$X = -\frac{4\pi k R^3 x}{3\varrho^3},$$

$$Y = -\frac{4\pi k R^3 y}{3\varrho^3},$$

$$Z = -\frac{4\pi k R^3 z}{3\varrho^3}.$$

Auch hier geben auf der Oberfläche die letztern Formeln dieselben Werthe wie die erstern, daher auch X, Y, Z im ganzen Raume nach der Stetigkeit sich ändern.

Anders verhält es sich aber mit den Differentialquotienten dieser Grössen. Im innern Raume haben wir

$$\frac{\partial X}{\partial x} = -\tfrac{4}{3}\pi k,\quad \frac{\partial Y}{\partial y} = -\tfrac{4}{3}\pi k,\quad \frac{\partial Z}{\partial z} = -\tfrac{4}{3}\pi k,$$

im äusseren Raume hingegen

$$\frac{\partial X}{\partial x} = \frac{4\pi k R^3 (3x^2 - \varrho^2)}{3\varrho^5},$$

$$\frac{\partial Y}{\partial y} = \frac{4\pi k R^3 (3y^2 - \varrho^2)}{3\varrho^5},$$

$$\frac{\partial Z}{\partial z} = \frac{4\pi k R^3 (3z^2 - \varrho^2)}{3\varrho^5}.$$

Auf der Oberfläche fallen diese Werthe nicht mit jenen zusammen, sondern sind beziehungsweise

[10] $\quad \dfrac{4\pi k x^2}{R^2},\quad \dfrac{4\pi k y^2}{R^2},\quad \dfrac{4\pi k z^2}{R^2}$

grösser. Es ändern sich daher jene Differentialquotienten nach der Stetigkeit zwar im ganzen innern und im ganzen äussern Raume, aber sprungweise beim Uebergange aus dem einen in den andern, und in der Scheidungsfläche selbst muss man ihnen doppelte Werthe beilegen, je nachdem ∂x, ∂y, ∂z als positiv oder als negativ betrachtet werden.

Aehnliches findet bei den sechs übrigen Differentialquotienten

$$\frac{\partial X}{\partial y},\quad \frac{\partial X}{\partial z},\quad \frac{\partial Y}{\partial x},\quad \frac{\partial Y}{\partial z},\quad \frac{\partial Z}{\partial x},\quad \frac{\partial Z}{\partial y}$$

statt, die im Innern der Kugel sämmtlich $= 0$ werden, und beim Durchgange durch die Kugelfläche sprungweise die Aenderungen
$$\frac{4\pi kxy}{R^2}, \quad \frac{4\pi kxz}{R^2} \text{ u. s. f.}$$
erleiden.

Das Aggregat $\frac{\delta X}{\delta x} + \frac{\delta Y}{\delta y} + \frac{\delta Z}{\delta z}$ oder $\frac{\delta^2 V}{\delta x^2} + \frac{\delta^2 V}{\delta yz} + \frac{\delta^2 V}{\delta z^2}$ wird im Innern der Kugel $= - 4\pi k$, im äussern Raume $= 0$. Auf der Oberfläche selbst verliert es aber seine einfache Bedeutung: präcis zu reden, kann man nur sagen, dass es ein Aggregat von drei Theilen ist, deren jeder zwei verschiedene Werthe hat, und so giebt es eigentlich acht Combinationen, unter denen eine mit dem auf der innern Seite, eine andere mit dem auf der äussern Seite geltenden Werthe übereinstimmt, während die sechs übrigen ohne alle Bedeutung bleiben. Der Analyse, durch welche einige Geometer auf der Oberfläche der Kugel den Werth $- 2\pi k$, oder den Mittelwerth zwischen den innen und aussen geltenden, herausgebracht haben, kann ich, insofern der Begriff von Differentialquotienten in seiner mathematischen Reinheit aufgefasst wird, eine Zulässigkeit nicht einräumen.

9.

Das im vorhergehenden Beispiel gefundene Resultat ist nur ein einzelner Fall des allgemeinen Theorems, nach welchem, wenn der Punkt O sich im Innern der wirkenden Masse [11] befindet, der Werth von $\frac{\delta^2 V}{\delta x^2} + \frac{\delta^2 V}{\delta y^2} + \frac{\delta^2 V}{\delta z^2}$ äqual wird dem Producte aus $- 4\pi$ in die in O stattfindende Dichtigkeit. Die befriedigendste Art, diesen wichtigen Lehrsatz zu begründen, scheint folgende zu sein.

Wir nehmen an, dass die Dichtigkeit k sich innerhalb t nirgends sprungweise ändere, oder dass sie eine mit $f(a, b, c)$ zu bezeichnende Function von a, b, c sei, deren Werth sich innerhalb t überall nach der Stetigkeit ändert, ausserhalb t hingegen $= 0$ wird.

Es sei t' der Raum, in welchen t übergeht, wenn die erste Coordinate jedes Punktes der Grenzfläche um die Grösse e vermindert, oder, was dasselbe ist, wenn die Grenzfläche parallel mit der ersten Coordinatenaxe um e rückwärts bewegt wird: es

Allgemeine Lehrsätze.

bestehe t aus den Räumen t^0 und θ, t' aus t^0 und θ', so dass t^0 der ganze Raum ist, welcher t und t' gemeinschaftlich bleibt. Wir betrachten die drei Integrale

$$\int \frac{f(a,b,c)(a-x)\,dt}{[(a-x)^2+(b-y)^2+(c-z)^2]^{\frac{3}{2}}}, \quad\ldots\ldots\ldots\ldots(1)$$

$$\int \frac{f(a,b,c)(a-x-e)\,dt}{[(a-x-e)^2+(b-y)^2+(c-z)^2]^{\frac{3}{2}}}, \quad\ldots\ldots\ldots(2)$$

$$\int \frac{f(a+e,b,c)(a-x)\,dt}{[(a-x)^2+(b-y)^2+(c-z)^2]^{\frac{3}{2}}}, \quad\ldots\ldots\ldots(3)$$

wo das Integral (1), über den ganzen Raum t ausgedehnt, der Werth von $\frac{\partial V}{\partial x}$ oder X in dem Punkte O sein wird. Das Integral (2), gleichfalls über ganz t ausgedehnt, wird der Werth von $\frac{\partial V}{\partial x}$ in demjenigen Punkte sein, dessen Coordinaten $x+e, y, z$ sind, welchen Werth wir mit $X+\xi$ bezeichnen wollen. Offenbar ist mit diesem Integrale ganz identisch das Integral (3), über den ganzen Raum t' ausgedehnt. Ist also

das Integral (1), ausgedehnt über t^0, ... l,
über θ, ... λ,
das Integral (3), ausgedehnt über t^0, ... l',
über θ', ... λ',

so wird $X = l + \lambda$, $X + \xi = l' + \lambda'$.

[12] Setzen wir $f(a+e,b,c) - f(a,b,c) = \varDelta k$, so ist das Integral

$$\int \frac{\frac{\varDelta k}{e}(a-x)\,dt}{[(a-x)^2+(b-y)^2+(c-z)^2]^{\frac{3}{2}}}, \quad\ldots\ldots\ldots(4)$$

über t^0 ausgedehnt, $= \frac{l'-l}{e}$.

Die bisherigen Resultate gelten allgemein für jede Lage von O: bei der weitern Entwickelung soll der Fall, wo O in der Oberfläche selbst liegt, ausgeschlossen sein, oder angenommen werden, dass O in messbarer Entfernung von der Oberfläche, innerhalb oder ausserhalb t liege.

Lassen wir nun e unendlich klein werden, so sind die Räume θ, θ' zwei unendlich schmale an der Oberfläche von t anliegende Raumschichten; zerlegen wir diese Oberfläche in

Elemente ds, und bezeichnen mit α den Winkel, welchen eine in ds nach aussen errichtete Normale mit der ersten Coordinatenaxe macht, so wird α offenbar spitz sein überall, wo die Oberfläche von t an θ grenzt, stumpf hingegen da, wo sie an θ' grenzt. Die Elemente von θ werden also ausgedrückt werden durch $e \cos \alpha\, ds$, die Elemente von θ' hingegen durch $- e \cos \alpha\, ds$, woraus man leicht schliesst, dass $\dfrac{\lambda - \lambda'}{e}$ übergeht in das Integral

$$\int \frac{f'(a,b,c)\,(a-x) \cos \alpha \cdot ds}{[(a-x)^2 + (b-y)^2 + (c-z)^2]^{\frac{3}{2}}}$$

oder, was dasselbe ist, in dieses

$$\int \frac{k(a-x) \cos \alpha \cdot ds}{r^3},$$

durch die ganze Oberfläche ausgedehnt, wo unter k die an dem Elemente ds stattfindende Dichtigkeit zu verstehen ist.

Unter Voraussetzung eines unendlich kleinen Werthes von e wird ferner $\dfrac{\Delta k}{e}$ übergehen in den Werth des partiellen Differentialquotienten $\dfrac{\partial f(a,b,c)}{\partial a}$ oder $\dfrac{\partial k}{\partial a}$, und der Werth des Integrals (4) oder $\dfrac{l'-l}{e}$ in das Integral

[13]
$$\int \frac{\dfrac{\partial k}{\partial a} \cdot (a-x)\, dt}{r^3},$$

durch den ganzen Raum t ausgedehnt.

Endlich ist, für ein unendlich kleines e, $\dfrac{l'-l}{e} - \dfrac{\lambda-\lambda'}{e}$ oder $\dfrac{\xi}{e}$ nichts anderes, als der Werth des partiellen Differentialquotienten $\dfrac{\partial X}{\partial x}$ oder $\dfrac{\partial^2 V}{\partial x^2}$. Wir haben folglich das einfache Resultat

$$\frac{\partial^2 V}{\partial x^2} = \frac{\partial X}{\partial x} = \int \frac{\dfrac{\partial k}{\partial a} \cdot (a-x)\, dt}{r^3} - \int \frac{k(a-x) \cos \alpha \cdot ds}{r^2},$$

wo die erste Integration über den ganzen Raum t, die zweite über die ganze Oberfläche desselben auszudehnen ist.

Dieses Resultat ist gültig, wie nahe auch O der Oberfläche auf der innern oder äussern Seite liegen mag, nur nicht in der Oberfläche selbst, wo vielmehr $\dfrac{\partial X}{\partial x}$ zwei verschiedene Werthe haben wird. Das erste Integral ändert sich zwar beim Durchgange durch die Oberfläche nach der Stetigkeit, hingegen ändert sich $-\displaystyle\int \dfrac{k(a-x)\cos\alpha\, ds}{r^3}$ nach einem weiter unten zu beweisenden Theorem beim Uebergange von einem innern der Oberfläche unendlich nahen Punkte nach einem äussern um die endliche Grösse $4\pi k\cos\alpha$, wo k und α sich auf die Durchgangsstelle beziehen, und eben so gross wird der Unterschied der beiden daselbst stattfindenden Werthe von $\dfrac{\partial X}{\partial x}$ sein.

10.

Auf ähnliche Weise wird, wenn β und γ in Beziehung auf die zweite und dritte Coordinatenaxe dieselbe Bedeutung haben, wie α in Beziehung auf die erste, und für die Lage von O dieselbe Beschränkung gilt, wie vorhin,

[14]
$$\frac{\partial Y}{\partial y}=\int \frac{\frac{\partial k}{\partial b}(b-y)\,dt}{r^3} -\int \frac{k(b-y)\cos\beta\,ds}{r^3},$$

$$\frac{\partial Z}{\partial z}=\int \frac{\frac{\partial k}{\partial c}(c-z)\,dt}{r^3} -\int \frac{k(c-z)\cos\gamma\,ds}{r^3}.$$

Erwägen wir nun, dass
$$\frac{\partial k}{\partial a}\cdot\frac{a-x}{r}+\frac{\partial k}{\partial b}\cdot\frac{b-y}{r}+\frac{\partial k}{\partial c}\cdot\frac{c-z}{r}$$
nichts anderes ist, als der Werth des Differentialquotienten $\dfrac{\partial k}{\partial r}$, insofern in dieser Differentiation nur die Länge von r als veränderlich, die Richtung aber als constant betrachtet wird: ferner, dass
$$\frac{a-x}{r}\cdot\cos\alpha+\frac{b-y}{r}\cdot\cos\beta+\frac{c-z}{r}\cdot\cos\gamma=\cos\psi$$

wird, wenn ψ den Winkel bezeichnet, welchen die nach aussen gerichtete Normale in ds mit der verlängerten geraden Linie r macht, so erhellet, dass, wenn das Integral

$$\int \frac{\frac{\partial k}{\partial r}}{r^2} \cdot dt,$$

über den ganzen Raum t erstreckt, mit M, das Integral

$$\int \frac{k \cos \psi}{r^2} ds,$$

durch die ganze Oberfläche von t ausgedehnt, mit N bezeichnet wird,

$$\frac{\partial^2 V}{\partial x^2} + \frac{\partial^2 V}{\partial y^2} + \frac{\partial^2 V}{\partial z^2} = M - N$$

sein wird.

Um die erstere Integration auszuführen, beschreiben wir um den Mittelpunkt O mit dem Halbmesser 1 eine Kugelfläche und zerlegen dieselbe in Elemente $d\sigma$. Die von O durch alle Punkte der Peripherie von $d\sigma$ geführten und unbestimmt verlängerten geraden Linien bilden eine Kegelfläche (im weitern Sinne des Worts), wodurch aus dem ganzen t ein Raum (nach Umständen aus mehreren getrennten Stücken bestehend) [15] ausgeschieden wird, und wovon $r^2 d\sigma . dr$ ein unbestimmtes Element ist. Derjenige Theil von M, welcher sich auf diesen Raum bezieht, wird folglich durch $d\sigma . \int \frac{\partial k}{\partial r} . dr$ ausgedrückt werden, wenn diese Integration durch alle in t fallenden Theile einer durch O und einen Punkt von $d\sigma$ gehenden, soweit als nöthig verlängerten geraden Linie r erstreckt wird. Nehmen wir nun an, diese gerade Linie schneide die Oberfläche von t der Reihe nach in O_1, O_2, O_3, O_4 u. s. f.; bezeichnen mit r_1, r_2, r_3, r_4 u. s. f. die Werthe von r in diesen Punkten; mit ds_1, ds_2, ds_3, ds_4 u. s. f. die entsprechenden durch den Elementarkegel aus der Oberfläche von t ausgeschiedenen Elemente; mit k_1, k_2, k_3, k_4 u. s. f. die Werthe von k, und mit ψ_1, ψ_2, ψ_3, ψ_4 u. s. f. die Werthe von ψ an diesen Elementen: so übersieht man leicht, dass

I. für den Fall, wo O innerhalb t liegt, die Anzahl jener Punkte ungerade, und die Integration $\int \frac{\partial k}{\partial r} . dr$ von $r = 0$ bis $r = r_1$, dann von $r = r_2$ bis $r = r_3$ u. s. f. auszuführen sein

Allgemeine Lehrsätze.

wird, woraus also, wenn die Dichtigkeit in O mit k^0 bezeichnet wird, hervorgeht

$$\int \frac{\partial k}{\partial r} \cdot dr = -k^0 + k_1 - k_2 + k_3 - k_4 + \text{u. s. f.}$$

Da die Winkel $\psi_1, \psi_2, \psi_3, \psi_4$ u. s. f. offenbar abwechselnd spitz und stumpf sind, so wird

$$ds_1 \cdot \cos \psi_1 = + r_1^2 d\sigma,$$
$$ds_2 \cdot \cos \psi_2 = - r_2^2 d\sigma,$$
$$ds_3 \cdot \cos \psi_3 = + r_3^2 d\sigma,$$
$$ds_4 \cdot \cos \psi_4 = - r_4^2 d\sigma$$

u. s. f. und folglich

$$d\sigma \int \frac{\partial k}{\partial r} \cdot dr$$

$$= -k^0 d\sigma + \frac{k_1 \cos \psi_1}{r_1^2} ds_1 + \frac{k_2 \cos \psi_2}{r_2^2} ds_2 + \frac{k_3 \cos \psi_3}{r_3^2} ds_3 + \text{u. s. f.}$$

$$= -k^0 d\sigma + \Sigma \frac{k \cos \psi}{r^2} ds,$$

indem die Summation auf alle ds ausgedehnt wird, welche dem [16] Element $d\sigma$ entsprechen. Durch Integration über sämmtliche $d\sigma$ erhält man also

$$M = -4 \pi k^0 + \int \frac{k \cos \psi}{r^2} ds,$$

wo das Integral über die ganze Oberfläche erstreckt werden muss, oder $M = -4 \pi k^0 + N$. Es wird folglich

$$\frac{\partial^2 V}{\partial x^2} + \frac{\partial^2 V}{\partial y^2} + \frac{\partial^2 V}{\partial z^2} = -4 \pi k^0.$$

II. Für den Fall, wo O ausserhalb t liegt, hat man nur diejenigen $d\sigma$ in Betracht zu ziehen, für welche die durch O und einen Punkt von $d\sigma$ gelegte gerade Linie den Raum t wirklich trifft; die Anzahl der Punkte O_1, O_2, O_3 u. s. f. wird hier immer gerade sein, und die Winkel ψ_1, ψ_2, ψ_3 u. s. f. abwechselnd stumpf und spitz, also

$$ds_1 \cdot \cos \psi_1 = - r_1^2 d\sigma,$$
$$ds_2 \cdot \cos \psi_2 = + r_2^2 d\sigma,$$
$$ds_3 \cdot \cos \psi_3 = - r_3^2 d\sigma$$

u. s. f. Da nun hier die Integration $\int \frac{\partial k}{\partial r} \cdot dr$ von $r = r_1$ bis $r = r_2$, dann von $r = r_3$ bis $r = r_4$ u. s. f. ausgeführt werden muss, so ergiebt sich

$$d\sigma \int \frac{\partial k}{\partial r} \cdot dr$$

$$= \frac{k_1 \cos \psi_1}{r_1^2} ds_1 + \frac{k_2 \cos \psi_2}{r_2^2} ds_2 + \frac{k_3 \cos \psi_3}{r_3^2} ds_3 + \text{u. s. f.}$$

$$= \Sigma \frac{k \cos \psi}{r^2} ds$$

und nach der zweiten Integration durch alle in Betracht kommenden $d\sigma$

$$M = \int \frac{k \cos \psi}{r^2} ds = N,$$

folglich, wie ohnehin bekannt ist,

$$\frac{\partial^2 V}{\partial x^2} + \frac{\partial^2 V}{\partial y^2} + \frac{\partial^2 V}{\partial z^2} = 0.$$

11.

Obgleich in unsrer Beweisführung angenommen ist, dass die Dichtigkeit sich in dem *ganzen* Raum t nach der Stetigkeit ändere, so ist doch zur Gültigkeit unsers Resultats diese Bedingung nicht nothwendig, sondern es wird bloss erfordert, [17] dass in dem Punkte O die Dichtigkeit nach allen Seiten zu nach der Stetigkeit sich ändere, oder dass O innerhalb eines wenn auch noch so kleinen, dieser Bedingung Genüge leistenden Raumes liege. Setzen wir nämlich das Potential der in *diesem* Raume enthaltenen Masse $= V'$, das Potential der übrigen ausserhalb desselben befindlichen Massen $= V''$, so wird das ganze Potential $V = V' + V''$, und da nach dem vorhergehenden Artikel

$$\frac{\partial^2 V'}{\partial x^2} + \frac{\partial^2 V'}{\partial y^2} + \frac{\partial^2 V'}{\partial z^2} = -4\pi k^0,$$

$$\frac{\partial^2 V''}{\partial x^2} + \frac{\partial^2 V''}{\partial y^2} + \frac{\partial^2 V''}{\partial z^2} = 0$$

ist, so wird

$$\frac{\partial^2 V}{\partial x^2} + \frac{\partial^2 V}{\partial y^2} + \frac{\partial^2 V}{\partial z^2} = -4\pi k^0.$$

Fehlt hingegen diese Bedingung in dem Punkte O, und liegt also dieser in der Scheidungsfläche zwischen zweien solchen Räumen, in welchen, jeden für sich genommen, die Dichtigkeit nach der Stetigkeit, aber beim Uebergange aus dem einen in den andern sprungweise sich ändert, so haben daselbst, allgemein zu reden, $\frac{\partial^2 V}{\partial x^2}$, $\frac{\partial^2 V}{\partial y^2}$, $\frac{\partial^2 V}{\partial z^2}$ jedes zwei verschiedene Werthe, und von dem Aggregate jener Grössen gilt dasselbe, was am Schlusse des 8. Artikels erinnert ist.

12.

Wir ziehen, wie schon oben bemerkt ist, auch den idealen Fall mit in den Kreis unserer Untersuchungen, wo Anziehungs- oder Abstossungskräfte von den Theilen einer *Fläche* ausgehend angenommen werden, und erlauben uns dabei die Einkleidung, dass eine wirkende Masse in der Fläche vertheilt sei. Unter Dichtigkeit in irgend einem Punkte der Fläche verstehen wir in diesem Falle den Quotienten, wenn die in einem Elemente der Fläche, welchem der Punkt angehört, enthaltene Masse mit diesem Element dividirt wird. Diese Dichtigkeit kann gleichförmig (in allen Punkten dieselbe) oder ungleichförmig sein, und im letztern Falle entweder in der ganzen Fläche sich nach der Stetigkeit ändern (d. i. so, dass sie [18] in je zwei einander unendlich nahen Punkten auch nur unendlich wenig verschieden ist), oder es kann die ganze Fläche in zwei oder mehrere Stücke zerfallen, in deren jedem eine stetige Aenderung stattfindet, während beim Uebergange aus einem in das andere die Aenderung sprungweise geschieht. Uebrigens kann auch an eine solche Vertheilung gedacht werden, wo unbeschadet der Endlichkeit der ganzen Masse die Dichtigkeit in einzelnen Punkten oder Linien unendlich gross wird. Der Fläche selbst, insofern sie nicht eine Ebene ist, wird, allgemein zu reden, eine stetige Krümmung beigelegt werden, ohne darum eine Unterbrechung in einzelnen Punkten (Ecken) oder Linien (Kanten) auszuschliessen.

Dieses vorausgesetzt, erhält das Potential auch in jedem Punkte der Fläche selbst, wo nur die Dichtigkeit nicht unendlich gross ist, einen bestimmten endlichen Werth, von welchem der Werth in einem zweiten Punkt, der, in der Fläche oder ausserhalb, jenem unendlich nahe liegt, nur unendlich wenig verschieden sein kann*), oder mit anderen Worten, in jeder

---

*) Von der Endlichkeit des Integrals, welches das Potential ausdrückt, überzeugt man sich leicht, indem man die Zerlegung der Fläche in Elemente auf ähnliche Weise ausführt, wie im 15. Artikel

Linie, möge sie in der Fläche selbst liegen, oder dieselbe kreuzen, ändert sich das Potential nach der Stetigkeit.

13.

Bezeichnet man mit k die Dichtigkeit in dem Flächenelement ds; mit a, b, c die Coordinaten eines demselben angehörenden Punktes; mit r dessen Entfernung von einem Punkte O, dessen Coordinaten x, y, z sind, und mit V das Potential der in der Fläche enthaltenen Masse in dem Punkte O, so ist $V = \int \frac{k\,ds}{r}$, durch die ganze Fläche ausgedehnt; endlich mit X, Y, Z die eben so verstandenen Integrale

[19] $$\int \frac{k(a-x)\,ds}{r^3},\quad \int \frac{k(b-y)\,ds}{r^3},\quad \int \frac{k(c-z)\,ds}{r^3},$$

so sind zwar X, Y, Z ganz gleichbedeutend mit $\frac{\partial V}{\partial x}$, $\frac{\partial V}{\partial y}$, $\frac{\partial V}{\partial z}$, so lange O ausserhalb der Fläche liegt, aber, genau zu reden, gilt dies nicht mehr, wenn O ein Punkt der Fläche selbst ist, und die Ungleichheit gestaltet sich verschieden je nach der Beschaffenheit des Winkels, welchen die Normale der Fläche mit der betreffenden Coordinatenaxe macht. Es ist offenbar hinreichend, hier nur das Verhalten in Beziehung auf die erste Coordinatenaxe anzugeben.

I. Ist jener Winkel $= 0$, so hat in O das Integral X einen bestimmten Werth, $\frac{\partial V}{\partial x}$ hingegen hat zwei verschiedene Werthe, je nachdem man ∂x als positiv oder als negativ betrachtet.

II. Ist der Winkel ein rechter, so lässt der Ausdruck für X eine wahre Integration nicht zu (indem dann eine ähnliche Bemerkung gilt, wie im 7. Artikel), während $\frac{\partial V}{\partial x}$ nur Einen bestimmten Werth hat.

III. Ist der Winkel spitz, so verhält es sich mit X eben so wie im zweiten, und mit $\frac{\partial V}{\partial x}$ eben so wie im ersten Falle.

---

geschehen wird; und zugleich wird daraus ersichtlich, dass die den beiden in Rede stehenden Punkten unendlich nahen Theile der Fläche zu dem ganzen Integral nur unendlich wenig beitragen, woraus sich das oben Gesagte leicht beweisen lässt.

Noch besondre Modificationen treten ein, wenn in O eine Unterbrechung der Stetigkeit entweder in Beziehung auf die Dichtigkeit oder die Krümmung stattfindet. Für unsern Hauptzweck ist jedoch nicht nothwendig, solche Ausnahmsfälle, die nur in einzelnen Linien oder Punkten eintreten können, ausführlich abzuhandeln, und wir werden daher bei der nähern Erörterung des Gegenstandes annehmen, dass in dem fraglichen Punkte eine bestimmte endliche Dichtigkeit und eine bestimmte Berührungsebene stattfindet.

14.

Ehe wir die Untersuchung in ihrer Allgemeinheit vornehmen, wird es nützlich sein, einen einfachen besondern Fall zu betrachten. Es sei die Fläche das Stück A einer [20] Kugelfläche, und die Dichtigkeit darin gleichförmig oder k constant. Es sind also V, X die Werthe der Integrale

$$\int \frac{k\,ds}{r}, \quad \int \frac{k(a-x)\,ds}{r^3},$$

durch A ausgedehnt; bezeichnen wir mit V', X' dieselben Integrale, wenn sie durch den übrigen Theil B der Kugelfläche, und mit V^o, X^o, wenn sie durch die ganze Kugelfläche erstreckt werden, so wird $V = V^o - V'$, $X = X^o - X'$. Wir wollen noch den Halbmesser der Kugel mit R bezeichnen, den Anfangspunkt der Coordinaten in den Mittelpunkt der Kugel legen und $\sqrt{x^2 + y^2 + z^2}$ oder den Abstand des Punktes O vom Mittelpunkte der Kugel $= \varrho$ setzen.

Es ist nun bekannt, dass $V^o = 4\pi k R$ wird, wenn O innerhalb der Kugel, hingegen $V^o = \dfrac{4\pi k R^2}{\varrho}$, wenn O ausserhalb liegt; in der Kugelfläche selbst fallen beide Werthe zusammen. Der Differentialquotient $\dfrac{\delta V^o}{\delta x}$ wird daher innerhalb der Kugel $= 0$, ausserhalb $= -\dfrac{4\pi k R^2 x}{\varrho^3}$; auf der Kugelfläche selbst aber werden beide Werthe zugleich gelten je nach dem Zeichen von δx: gleich sind diese beiden Werthe nur dann, wenn $x = 0$ ist, was dem Falle II des vorhergehenden Artikels entspricht.

Der Ausdruck für X^o, innerhalb und ausserhalb der Kugel mit $\dfrac{\delta V^o}{\delta x}$ gleichbedeutend, wird auf der Oberfläche ein leeres

Zeichen, insofern eine wahre Integration unstatthaft ist, den einzigen Fall ausgenommen, wenn für die unendlich nahe liegenden Elemente der Fläche $a-x$ ein unendlich Kleines von einer höhern Ordnung wird als r, nämlich wenn $y=0, z=0, x= \pm R$, für welchen Fall die Integration $X^0 = \mp 2\pi k$ giebt, also mit keinem der Werthe von $\dfrac{\partial V^0}{\partial x}$ übereinstimmend, sondern vielmehr mit dem Mittel von beiden: offenbar gehört übrigens dieser Fall zu I im vorhergehenden Artikel.

Erwägt man nun, dass, wenn O ein auf der Oberfläche [21] der Kugel innerhalb A liegender Punkt ist, X' und $\dfrac{\partial V'}{\partial x}$ gleichbedeutend sind und bestimmte nach der Stetigkeit sich ändernde Werthe haben, so erhellet, dass das gegenseitige Verhalten zwischen $X^0 - X'$ und $\dfrac{\partial V^0}{\partial x} - \dfrac{\partial V'}{\partial x}$, d. i. zwischen X und $\dfrac{\partial V}{\partial x}$ ganz dasselbe ist, wie zwischen X^0 und $\dfrac{\partial V^0}{\partial x}$, woraus also die im vorhergehenden Artikel aufgestellten Sätze von selbst folgen.

15.

Für die allgemeinere Untersuchung ist es vortheilhaft, den Anfangspunkt der Coordinaten in einen in der Fläche selbst liegenden Punkt P zu setzen und die erste Coordinatenaxe senkrecht gegen die Berührungsebene in P zu legen. Bezeichnen wir mit ψ den Winkel zwischen der Normale des unbestimmten Flächenelements ds und der ersten Coordinatenaxe, so ist $\cos\psi . ds$ die Projection von ds auf die Ebene der b und c; und setzen wir $\sqrt{b^2+c^2} = \varrho$, $b = \varrho\cos\theta$, $c = \varrho\sin\theta$, so wird $\varrho\, d\varrho . d\theta$ ein unbestimmtes Element dieser Ebene vorstellen, und das entsprechende Flächenelement $ds = \dfrac{\varrho\, d\varrho . d\theta}{\cos\psi}$ sein; das darin enthaltene Massenelement wird also $= h\varrho\, d\varrho . d\theta$ sein, wenn wir zur Abkürzung h für $\dfrac{k}{\cos\psi}$ schreiben.

Wir wollen nun untersuchen, inwiefern der Werth von X sich sprungweise ändert, indem der Punkt O in der ersten Coordinatenaxe von der einen Seite der Fläche auf die andere, oder x aus einem negativen Werthe in einen positiven übergeht. Für diese Frage ist es offenbar einerlei, ob wir die ganze Fläche in Betracht ziehen oder nur einen beliebig kleinen, den Punkt P einschliessenden Theil, da der Beitrag des übrigen Theils der Fläche zu dem Werthe von X sich nach der Stetigkeit ändert. Es ist daher erlaubt, ϱ nur von 0 bis zu einem beliebig kleinen Grenzwerthe ϱ' auszudehnen, und vorauszusetzen, dass in der so begrenzten Fläche h und $\dfrac{a}{\varrho}$ sich [22] überall nach der Stetigkeit ändern. Setzen wir, für jeden bestimmten Werth von θ, den Werth des Integrals $\int \dfrac{h(a-x)\varrho\, d\varrho}{r^3}$, von $\varrho = 0$ bis $\varrho = \varrho'$ ausgedehnt, $= Q$, so wird $X = \int Q\, d\theta$, wo die Integration von $\theta = 0$ bis $\theta = 2\pi$ zu erstrecken ist.

Es kommt nun darauf an, die Werthe von X für $x = 0$, für ein unendlich kleines positives x und für ein unendlich kleines negatives (die beiden andern Coordinaten y, z allemal $= 0$ angenommen) unter einander zu vergleichen; wir bezeichnen diese drei Werthe von X mit X^0, X', X'', und die entsprechenden Werthe von Q mit Q^0, Q', Q''.

Da $r = \sqrt{(a-x)^2 + \varrho^2}$, so erhält man, indem man θ als constant betrachtet,

$$d\frac{h(a-x)}{r} = -\frac{h(a-x)\varrho\, d\varrho}{r^3} + \frac{\partial h}{\partial \varrho} \cdot \frac{a-x}{r} \cdot d\varrho + \frac{\partial a}{\partial \varrho} \cdot \frac{h\varrho^2}{r^3} \cdot d\varrho$$

und folglich

$$Q = \int \frac{\partial h}{\partial \varrho} \cdot \frac{a-x}{r} \cdot d\varrho + \int \frac{\partial a}{\partial \varrho} \cdot \frac{h\varrho^2}{r^3} \cdot d\varrho - \frac{h'(a'-x)}{r'} + \text{Const.},$$

wo die beiden Integrationen von $\varrho = 0$ bis $\varrho = \varrho'$ auszudehnen und die Werthe von h, a, r für $\varrho = \varrho'$ mit h', a', r' bezeichnet sind. Als Constante hat man den Werth von $\dfrac{h(a-x)}{r}$ für $\varrho = 0$ anzunehmen, welcher, wenn man die Dichtigkeit in P mit k^0 bezeichnet, $= -k^0$ wird für ein positives x, und $= +k^0$ für ein negatives, indem für $\varrho = 0$ offenbar $a = 0$, $\psi = 0$, $h = k^0$, $x = \pm r$ wird. Für den Fall $x = 0$ hingegen hat man als Constante den Grenzwerth von $\dfrac{ha}{r}$ bei unendlich abnehmendem ϱ anzunehmen, welcher $= 0$ ist, weil a ein Unendlichkleines von einer höheren Ordnung wird als r.

Der Werth des Integrals $\int \dfrac{\partial h}{\partial \varrho} \cdot \dfrac{a-x}{r} \cdot d\varrho$ bleibt bis auf einen unendlich kleinen Unterschied derselbe, man möge $x = 0$ oder unendlich klein $= \pm \varepsilon$ setzen. Zerlegt man nämlich jenes Integral in

[23] $$\int_0^\delta \frac{\partial h}{\partial \varrho} \cdot \frac{a-x}{r} \cdot d\varrho + \int_\delta^{\varrho'} \frac{\partial h}{\partial \varrho} \cdot \frac{a-x}{r} \cdot d\varrho,$$

so ist klar, dass das Behauptete für den ersten Theil gilt, wenn δ unendlich klein, und für den zweiten, wenn $\dfrac{\delta}{\varepsilon}$ unendlich gross ist, also für das Ganze, wenn δ ein Unendlichkleines von einer niedrigern Ordnung als ε.

Ein ähnlicher Schluss gilt auch in Beziehung auf das Integral $\int \dfrac{\partial a}{\partial \varrho} \cdot \dfrac{h\varrho^2}{r^3} \cdot d\varrho$, wenn die Punkte der Fläche, welche dem bestimmten Werthe von θ entsprechen, eine Curve bilden, die in P eine messbare Krümmung hat, so dass $\dfrac{a}{\varrho^2}$ in dem hier betrachteten Raume einen endlichen, nach der Stetigkeit sich ändernden Werth erhält. Bezeichnet man nämlich diesen Werth mit A, so wird

$$\frac{\partial a}{\partial \varrho} = 2A\varrho + \frac{\partial A}{\partial \varrho} \cdot \varrho^2,$$

mithin zerlegt sich jenes Integral in folgende zwei

$$\int \frac{2\varrho^3 A h \, d\varrho}{r^3} + \int \frac{\partial A}{\partial \varrho} \cdot \frac{\varrho^4}{r^3} h \, d\varrho,$$

bei welchen beiden die Gültigkeit obiger Schlussweise von selbst klar ist.

Endlich sind auch offenbar die Werthe von $\dfrac{h'(a'-x)}{r'}$ für alle drei Werthe von x bis auf unendlich kleine Unterschiede gleich.

Hieraus folgt also, dass $Q' + k^o$, Q^o, $Q'' - k^o$ bis auf unendlich kleine Unterschiede gleich sind, und dasselbe wird demnach auch von $\int (Q' + k^o) d\theta$, $\int Q^o d\theta$, $\int (Q'' - k^o) d\theta$ gelten, oder von den Grössen $X' + 2\pi k^o$, X^o, $X'' - 2\pi k^o$.

Man kann diesen wichtigen Satz auch so ausdrücken: der Grenzwerth von X bei unendlich abnehmendem positiven x ist $X^o - 2\pi k^o$, bei unendlich abnehmendem negativen x hingegen $X^o + 2\pi k^o$, oder X ändert sich zweimal sprungweise um $-2\pi k^o$, indem x aus einem negativen Werthe in einen positiven übergeht, das erstemal, indem x den Werth 0 erreicht, und das zweitemal, indem es ihn überschreitet.

[24] 16.

In der Beweisführung des vorhergehenden Artikels ist zwar vorausgesetzt, dass die Schnitte der Fläche mit den durch die erste Coordinatenaxe gelegten Ebenen in P eine messbare Krümmung haben: allein unser Resultat bleibt auch noch gültig, wenn die Krümmung in P unendlich gross ist, einen einzigen Fall ausgenommen. Dass $\frac{a}{\varrho}$ für ein unendlich kleines ϱ selbst unendlich klein werden müsse, bringt schon die Voraussetzung des Vorhandenseins einer bestimmten Berührungsebene an der Fläche in P mit sich; allein von einerlei Ordnung sind beide Grössen nur dann, wenn ein endlicher Krümmungshalbmesser stattfindet; bei einem unendlich kleinen Krümmungshalbmesser hingegen wird $\frac{a}{\varrho}$ von einer niedrigern Ordnung sein als ϱ. Wir werden nun zeigen, dass unsre Resultate auch im letztern Falle ihre Gültigkeit behalten, wenn nur die Ordnungen beider Grössen *vergleichbar* sind.

Nehmen wir also an, $\frac{a}{\varrho}$ sei von derselben Ordnung wie ϱ^μ, wo μ einen endlichen positiven Exponenten bedeutet, also $\frac{a}{\varrho^{1+\mu}}$ eine endliche, in dem in Rede stehenden Raume nach der Stetigkeit sich ändernde Grösse, die wir mit B bezeichnen wollen. Es zerfällt also das Integral $\int \frac{\partial a}{\partial \varrho} \cdot \frac{h\varrho^2}{r^3} d\varrho$ in die beiden folgenden

$$\int \frac{(1+\mu)\varrho^{2+\mu} h B d\varrho}{r^3} + \int \frac{\varrho^{3+\mu}}{r^3} \cdot \frac{\partial B}{\partial \varrho} \cdot h d\varrho.$$

Auf das zweite Integral lassen sich die Schlüsse des vorhergehenden Artikels unmittelbar anwenden, auf das erste hingegen nach einer leichten Umformung. Setzt man nämlich $\frac{1}{\mu} = m$, $\varrho^\mu = \sigma$, oder $\varrho = \sigma^m$, so wird jenes Integral

$$= (m+1) \int \frac{B h \sigma^{3m} d\sigma}{[\sigma^{2m} + (a-x)^2]^{\frac{3}{2}}}.$$

[25] Auch dieses Integral hat nun offenbar so lange nur einen unendlich kleinen Werth, als die Integration nur von 0 bis zu

einem unendlich kleinen Werthe von σ ausgedehnt wird; für jeden endlichen Werth von σ hingegen erhält der Coefficient von $d\sigma$ bis auf einen unendlich kleinen Unterschied einerlei Werth, man möge $x = 0$ oder unendlich klein annehmen. Dies gilt also auch von dem ganzen Integral, wenn es von $\sigma = 0$ bis $\sigma = \sqrt[m]{\varrho'}$ ausgedehnt wird.

Nur in einem einzigen Falle verlieren unsre Schlüsse ihre Gültigkeit, wenn nämlich $\dfrac{a}{\varrho}$ mit keiner Potenz von ϱ mehr zu einerlei Ordnung gehört, wie z. B., wenn $\dfrac{a}{\varrho}$ von derselben Ordnung wäre, wie $1 : \log \dfrac{1}{\varrho}$. In diesem Falle würde Q bei unendlicher Annäherung des Punktes O zur Fläche über alle Grenzen wachsen, und dasselbe würde auch für X gelten, wenn ein solches Verhalten nicht bloss für einen oder einige Werthe von θ, sondern für alle stattfände. Es ist jedoch unnöthig, dies hier weiter zu entwickeln, da wir diesen singulären Fall von unsrer Untersuchung ohne Nachtheil ganz ausschliessen können.

17.

Wir wollen nun unter denselben Voraussetzungen und Bezeichnungen, wie im 15. Artikel, die Grösse Y betrachten, wovon $\dfrac{h b\, db\, .dc}{r^3}$ ein unbestimmtes Element ist. Da

$$r = \sqrt{b^2 + c^2 + (a-x)^2},$$

und folglich

$$\frac{\partial \frac{h}{r}}{\partial b} = -\frac{hb}{r^3} + \frac{1}{r}\cdot\frac{\partial h}{\partial b} - \frac{h(a-x)}{r^3}\cdot\frac{\partial a}{\partial b},$$

insofern c als constant betrachtet wird, so giebt die erste Integration in diesem Sinne

$$\int\frac{h b\, db}{r^3} = \frac{h^*}{r^*} - \frac{h^{**}}{r^{**}} + \int\frac{1}{r}\cdot\frac{\partial h}{\partial b}\cdot db - \int\frac{h(a-x)}{r^3}\cdot\frac{\partial a}{\partial b}\cdot db,$$

[26] wo die Integrationen sich vom kleinsten zum grössten Werthe von b, für jeden bestimmten Werth von c, erstrecken und mit h^*, r^*, h^{**}, r^{**} die jenen Grenzwerthen entsprechenden Werthe von h und r bezeichnet sind. Schreiben wir zur Abkürzung

Allgemeine Lehrsätze.

so wird
$$\frac{h^*}{r^*} - \frac{h^{**}}{r^{**}} = T, \quad \frac{\varrho}{r} \cdot \frac{\partial h}{\partial b} - \frac{h(a-x)\varrho}{r^3} \cdot \frac{\partial a}{\partial b} = U,$$

$$Y = \int T \, dc + \iint \frac{U}{\varrho} \cdot db \cdot dc,$$

wo die Integration in Beziehung auf c vom kleinsten Werthe, welchen diese Coordinate in der Fläche hat, bis zum grössten ausgedehnt werden muss. In dem doppelten Integrale stellt $db \cdot dc$ die Projection eines unbestimmten Elements der Fläche auf die Ebene der b, c vor, und es kann mithin auch $\varrho \, d\varrho \cdot d\theta$ dafür geschrieben werden: sonach wird

$$Y = \int T \, dc + \iint U \, d\varrho \cdot d\theta,$$

wo in dem Doppelintegral von $\varrho = 0$ bis $\varrho = \varrho'$ und von $\theta = 0$ bis $\theta = 2\pi$ integrirt werden muss. Durch ähnliche Schlüsse, wie im 15. Artikel, erkennt man nun leicht, dass dieser Ausdruck bis auf unendlich kleine Unterschiede gleiche Werthe erhält, man möge $x = 0$ oder unendlich klein annehmen, oder mit andern Worten, der Werth von Y hat bei positiven und bei negativen unendlich abnehmenden Werthen von x eine und dieselbe Grenze, und diese Grenze ist nichts anderes, als der Werth obiger Formel, wenn man darin $x = 0$ setzt. Wir wollen nach der Analogie diesen Werth mit Y^0 bezeichnen, wobei jedoch bemerkt werden muss, dass man nicht sagen darf, es sei dies DER Werth von $\int \frac{kb \, ds}{r^3}$ für $x = 0$ (insofern dieser Ausdruck für $x = 0$ eine wahre Integration nicht zulässt), sondern nur, es sei EIN Werth jenes Integrals, nämlich derjenige, welcher hervorgeht, wenn man in der oben befolgten Ordnung integrirt.

Uebrigens bedarf dieses Resultat (auf ähnliche Weise wie oben Art. 16) einer Einschränkung in dem singulären Falle, wo in dem Punkte P unendlich kleine Krümmungshalbmesser stattfinden, imgleichen, wenn in diesem Punkte $\frac{\partial h}{\partial b}$ unendlich [27] gross wird; für unsern Zweck ist es jedoch unnöthig, solche Ausnahmsfälle, die nur in einzelnen Punkten oder Linien vorkommen können (also nicht in Theilen der Fläche, sondern nur an der Grenze von Theilen) besonders zu betrachten.

Endlich ist von selbst klar, dass es sich mit der Grösse Z oder dem Integrale $\int \frac{kc \, ds}{r^3}$ ganz eben so verhält, wie mit Y, nämlich dass dieses Integral, wenn der Punkt O sich in der ersten Coordinatenaxe dem Punkte P unendlich nähert, einerlei Grenzwerth Z^0 hat, die Annäherung mag auf der positiven oder auf der negativen Seite stattfinden, und dass dieser Grenzwerth zugleich der Werth von $\iint \dfrac{h\,c\,dc\,.\,db}{r^3}$ für $x = 0$ ist, insofern man zuerst nach c integrirt.

18.

Erwägen wir nun, dass die Grössen $\dfrac{\partial V}{\partial x}$, $\dfrac{\partial V}{\partial y}$, $\dfrac{\partial V}{\partial z}$ in allen Punkten des Raumes, die nicht in der Fläche selbst liegen, unbedingt einerlei sind mit X, Y, Z, und dass V sich überall nach der Stetigkeit ändert, so lässt sich aus den in dem vorhergehenden Artikel gefundenen Resultaten leicht folgern, dass in unendlich kleiner Entfernung von P, oder für unendlich kleine Werthe von x, y, z, der Werth von V bis auf unendlich kleine Grössen höherer Ordnung genau ausgedrückt wird durch

$$V^0 + x(X^0 - 2\pi k^0) + yY^0 + zZ^0,$$

wenn x positiv ist, oder durch

$$V^0 + x(X^0 + 2\pi k^0) + yY^0 + zZ^0,$$

wenn x negativ ist, wo mit V^0 der Werth von V in dem Punkte P selbst, oder für $x = 0$, $y = 0$, $z = 0$ bezeichnet ist. Betrachten wir also die Werthe von V in einer durch P gelegten geraden Linie, die mit den drei Coordinatenaxen die Winkel A, B, C macht, bezeichnen mit t ein unbestimmtes Stück dieser Linie und mit t^0 den Werth von t in dem Punkte P, so wird, wenn $t - t^0$ unendlich klein ist, bis auf ein Unendlichkleines höherer Ordnung genau

$$V = V^0 + (t - t^0)(X^0 \cos A + Y^0 \cos B + Z^0 \cos C \mp 2\pi k^0 \cos A),$$

das obere Zeichen für positive, das untere für negative Werthe von $(t - t^0) \cos A$ geltend, oder es hat $\dfrac{\partial V}{\partial t}$ in dem Punkte P für ein spitzes A zwei verschiedene Werthe, nämlich

$$X^0 \cos A + Y^0 \cos B + Z^0 \cos C - 2\pi k^0 \cos A \text{ und}$$
$$X^0 \cos A + Y^0 \cos B + Z^0 \cos C + 2\pi k^0 \cos A,$$

je nachdem ∂t als positiv oder als negativ betrachtet wird. Für den Fall, wo A ein rechter Winkel ist, also die gerade Linie die

Fläche nur berührt, fallen beide Ausdrücke zusammen, und es wird
$$\frac{\partial V}{\partial t} = Y^0 \cos B + Z^0 \cos C.$$

Die bisher vorgetragenen Sätze sind zwar ihrem wesentlichen Inhalte nach nicht neu, durften aber des Zusammenhanges wegen als nothwendige Vorbereitungen zu den nachfolgenden Untersuchungen nicht übergangen werden, in welchen eine Reihe neuer Lehrsätze entwickelt werden wird.

19.

Es sei V das Potential eines Systems von Massen M', M'', M''', ..., die sich in den Punkten P', P'', P''', ... befinden; v das Potential eines zweiten Systems von Massen m', m'', m''', ..., die in den Punkten p', p'', p''', ... angenommen werden: ferner seien V', V'', V''', ... die Werthe von V in den letztern Punkten, und v', v'', v''', ... die Werthe von v in den Punkten P', P'', P''', ... Man hat dann die Gleichung

$$M'v' + M''v'' + M'''v''' + \text{u. s. f.}$$
$$= m' V' + m'' V'' + m''' V''' + \text{u. s. f.},$$

die auch durch $\Sigma M v = \Sigma m V$ ausgedrückt wird, wenn unbestimmt M jede Masse des ersten, m jede Masse des zweiten Systems vorstellt. In der That ist sowohl $\Sigma M v$ als $\Sigma m V$ nichts anderes, als das Aggregat aller Combinationen $\dfrac{Mm}{\varrho}$, wenn ϱ die gegenseitige Entfernung der Punkte bezeichnet, in welchen sich die betreffenden Massen M, m befinden.

Befinden sich die Massen des einen Systems, oder beider, [29] nicht in discreten Punkten, sondern auf Linien, Flächen oder in körperlichen Räumen nach der Stetigkeit vertheilt, so behält obige Gleichung ihre Gültigkeit, wenn man anstatt der Summe das entsprechende Integral substituirt.

Ist also z. B. das zweite Massensystem in einer Fläche so vertheilt, dass auf das Flächenelement ds die Masse kds kommt, so wird $\Sigma M v = \int k V ds$, oder wenn ähnliches auch von dem ersten System gilt, so dass das Flächenelement dS die Masse KdS enthält, wird $\int KvdS = \int kVds$. Es ist von Wichtigkeit, in Beziehung auf letztern Fall zu bemerken, dass diese Gleichung noch gültig bleibt, wenn beide Flächen coincidiren; der

Kürze wegen wollen wir aber die Art, wie diese Erweiterung des Satzes strenge gerechtfertigt werden kann, hier jetzt nur nach ihren Hauptmomenten andeuten. Es ist nämlich nicht schwer nachzuweisen, dass diese beiden Integrale, insofern sie sich auf Eine und dieselbe Fläche beziehen, die Grenzwerthe von denen sind, die sich auf zwei getrennte Flächen beziehen, indem man die Entfernung derselben von einander unendlich abnehmen lässt, zu welchem Zweck man nur diese beiden Flächen gleich und parallel anzunehmen braucht. Unmittelbar einleuchtend ist zwar diese Beweisart nur in sofern, als die vorgegebene Fläche so beschaffen ist, dass die Normalen in allen ihren Punkten mit Einer geraden Linie spitze Winkel machen. Eine Fläche, wo diese Bedingung fehlt (wie allemal, wenn von einer geschlossenen Fläche die Rede ist), wird zuvor in zwei oder mehrere Theile zu zerlegen sein, die einzeln jener Bedingung Genüge leisten, wodurch es leicht wird, diesen Fall auf den vorigen zurückzuführen.

20.

Wenden wir das Theorem des vorhergehenden Artikels auf den Fall an, wo das zweite Massensystem mit gleichförmiger Dichtigkeit $k = 1$ auf einer Kugelfläche vertheilt ist, deren Halbmesser $= R$, so ist das daraus entspringende Potential v im Innern der Kugel constant $= 4\pi R$; in jedem Puncte ausserhalb der Kugel, dessen Entfernung vom Mittelpunkte $= r$, wird $v = \dfrac{4\pi R^2}{r}$, oder eben so gross, wie im Mittelpunkte das Potential von einer in jenem Puncte angenommenen Masse $4\pi R^2$; auf der Oberfläche der Kugel fallen beide Werthe von v zusammen. Befindet sich also das erste Massensystem ganz im Innern der Kugel, so wird $\Sigma M v$ äqual dem Producte der Gesammtmasse dieses Systems in $4\pi R$; ist aber jenes Massensystem ganz ausserhalb der Kugel, so wird $\Sigma M v$ äqual dem Producte des Potentials dieser Masse im Mittelpuncte der Kugel in $4\pi R^2$; ist endlich das erste Massensystem auf der Oberfläche der Kugel nach der Stetigkeit vertheilt, so sind für $\int K v \, dS$ beide Ausdrücke gleich gültig. Es folgt hieraus der

Lehrsatz. Bedeutet V das Potential einer wie immer vertheilten Masse in dem Elemente einer mit dem Halbmesser R beschriebenen Kugelfläche ds, so wird, durch die ganze Kugelfläche integrirt,

Allgemeine Lehrsätze.

$$\int V ds = 4\pi (RM^0 + R^2 V^0),$$

wenn man mit M^0 die ganze im Innern der Kugel befindliche Masse, mit V^0 das Potential der ausserhalb befindlichen Masse im Mittelpunkt der Kugel bezeichnet, und dabei die Massen, die etwa auf der Oberfläche der Kugel stetig vertheilt sein mögen, nach Belieben den äussern oder innern Massen zuordnet.

21.

Lehrsatz. Das Potential V von Massen, die sämmtlich ausserhalb eines zusammenhängenden Raumes liegen, kann nicht in einem Theile dieses Raumes einen constanten Werth und zugleich in einem andern Theile desselben einen verschiedenen Werth haben.

Beweis. Nehmen wir an, es sei in jedem Punkte des Raumes A das Potential constant $= a$, und in jedem Punkte eines andern an A grenzenden keine Masse enthaltenden Raumes B (algebraisch) grösser als a. Man construire eine Kugel, wovon ein Theil in B, der übrige Theil aber nebst dem Mittelpunkte in A enthalten ist, welche Construction allemal möglich sein wird. Ist nun R der Halbmesser dieser Kugel, und ds ein unbestimmtes Element ihrer Oberfläche, so ist nach dem Lehrsatze des vorigen Artikels $\int V ds = 4\pi R^2 a$, und $\int (V - a) ds = 0$, was unmöglich ist, da für den Theil der Oberfläche, welcher in A liegt, $V - a = 0$, und für den übrigen Theil der Voraussetzung zu Folge nicht $= 0$, sondern positiv ist.

Auf ganz ähnliche Weise erhellet die Unmöglichkeit, dass in allen Punkten eines an A grenzenden Raumes V kleiner sei, als a.

Offenbar müsste aber wenigstens einer dieser beiden Fälle stattfinden, wenn unser Theorem falsch wäre.

Dieser Lehrsatz enthält folgende zwei Sätze:

I. Wenn der die Massen enthaltende Raum schalenförmig einen massenleeren Raum umschliesst, und das Potential in einem Theile dieses Raumes einen constanten Werth hat, so gilt dieser für alle Punkte des ganzen eingeschlossenen Raumes.

II. Wenn das Potential der in einen endlichen Raum eingeschlossenen Massen in irgend einem Theile des äussern Raumes einen constanten Werth hat, so gilt dieser für den ganzen unendlichen äussern Raum.

Zugleich erhellet leicht, dass in diesem zweiten Fall der

constante Werth des Potentials kein anderer als 0 sein kann. Denn wenn man mit M das Aggregat aller Massen, falls sie sämmtlich einerlei Zeichen haben, oder im entgegengesetzten Fall das Aggregat der positiven oder der negativen Massen allein, je nachdem jene oder diese überwiegen, bezeichnet, so ist das Potential in einem Punkte, dessen Entfernung von dem nächsten Massenelemente $= r$ ist, jedenfalls absolut genommen kleiner als $\frac{M}{r}$, welcher Bruch offenbar im äussern Raume kleiner als jede angebliche Grösse werden kann.

22.

Lehrsatz. Ist ds das Element einer einen zusammenhängenden endlichen Raum begrenzenden Fläche, P die Kraft, welche irgendwie vertheilte Massen in ds in der zur Fläche normalen Richtung ausüben, wobei eine nach innen oder nach aussen gerichtete Kraft als positiv betrachtet wird, je nachdem anziehende oder abstossende Massen als positiv gelten: so wird das über die ganze Fläche ausgedehnte Integral
$$\int P ds = 4\pi M + 2\pi M',$$
wenn M das Aggregat der im Innern des Raumes befindlichen, M' das der auf der Oberfläche nach der Stetigkeit vertheilten Massen bedeuten.

[32] **Beweis.** Bezeichnet man mit $U\mathrm{d}\mu$ denjenigen Theil von P, welcher von dem Massenelemente dμ herrührt, mit r die Entfernung des Elements dμ von ds, und mit u den Winkel, welchen in ds die nach Innen gerichtete Normale mit r macht, so ist $U = \frac{\cos u}{r^2}$. Es ist aber in Beziehung auf jedes bestimmte dμ vermöge eines in der *Theoria Attractionis corporum sphaeroidicorum ellipticorum* Art. 6 bewiesenen Lehrsatzes $\int \frac{\cos u}{r^2} \cdot ds = 0$, 2π oder 4π, jenachdem dμ ausserhalb des durch die Fläche begrenzten Raumes, in der Fläche selbst, oder innerhalb jenes Raumes liegt. Da nun $\int P ds$ dem Gesammtbetrage aller d$\mu \cdot \int U ds$ gleichkommt, so ergiebt sich hieraus unser Theorem von selbst.

In Beziehung auf den hier benutzten Hülfssatz muss noch bemerkt werden, dass derselbe in der Gestalt, wie er a. a. O. ausgesprochen ist, für einen speciellen Fall einer Modification bedarf. Es bedeutet nämlich r die Entfernung eines *gegebenen Punktes* von dem Elemente ds, und für den Fall, wo dieser Punkt in der Fläche selbst liegt, ist die Formel $\int \frac{\cos u}{r^2} \cdot ds = 2\pi$ nur insofern richtig, als die Stetigkeit der Krümmung der Fläche in dem Punkte nicht verletzt wird. Eine solche Verletzung findet aber statt, wenn der Punkt in einer Kante oder Ecke liegt, und dann muss anstatt 2π der Inhalt derjenigen Figur gesetzt werden, welche durch die sämmtlichen von da ausgehenden, die Fläche tangirenden geraden Linien aus einer um den Punkt als Mittelpunkt mit dem Halbmesser 1 beschriebenen Kugelfläche ausgeschieden wird. Da jedoch solche Ausnahmsfälle nur Linien oder Punkte, also nicht *Theile* der Fläche, sondern nur Scheidungsgrenzen zwischen Theilen betreffen, so hat dies offenbar auf die von dem Hülfssatze hier gemachte Anwendung gar keinen Einfluss.

23.

Wir legen durch jeden Punkt der Fläche eine Normale und bezeichnen mit p die Entfernung eines unbestimmten Punktes derselben von dem in die Fläche selbst gesetzten Anfangspunkte, [33] auf der innern Seite der Fläche als positiv betrachtet. Das Potential der Massen V kann als Function von p und zweien andern veränderlichen Grössen betrachtet werden, die auf irgend welche Art die einzelnen Punkte der Fläche von einander unterscheiden, und eben so verhält es sich mit dem partiellen Differentialquotienten $\frac{\partial V}{\partial p}$, dessen Werth hier aber nur für die in die Fläche selbst fallenden Punkte, oder für $p = 0$ in Betracht gezogen werden soll. Da dieser mit P völlig gleichbedeutend ist, wenn Massen sich nur in dem innern Raume, oder in dem äussern, oder in beiden befinden, keine Masse aber auf der Fläche selbst vertheilt ist, so hat man in diesem Falle

$$\int \frac{\partial V}{\partial p} \cdot ds = 4\pi M.$$

In dem Falle hingegen, wo die ganze Masse bloss auf der Fläche selbst vertheilt ist, so dass das Element ds die Masse kds erhält, bleiben $\frac{\partial V}{\partial p}$ und P nicht mehr gleichbedeutend; letztere Grösse stellt hier offenbar in Beziehung auf p dasselbe vor, was X^0 in Beziehung auf x im 15. Artikel; $\frac{\delta V}{\delta p}$ hingegen hat zwei verschiedene Werthe, nämlich $P-2\pi k$ und $P+2\pi k$, jenachdem δp als positiv oder als negativ betrachtet wird. Da nun $\int k\,\mathrm{d}s$ offenbar der ganzen auf der Fläche vertheilten Masse M' gleich, und gemäss dem Lehrsatze des vorhergehenden Artikels $\int P\,\mathrm{d}s = 2\pi M'$ wird, so hat man

$$\int \frac{\delta V}{\delta p} \cdot \mathrm{d}s = 0 \text{ oder} \int \frac{\delta V}{\delta p} \cdot \mathrm{d}s = 4\pi M',$$

je nachdem für $\frac{\delta V}{\delta p}$ der auf der innern oder auf der äussern Seite der Fläche geltende Werth überall verstanden wird, und es verhält sich also mit dem Integrale $\int \frac{\delta V}{\delta p} \cdot \mathrm{d}s$ im erstern Falle genau eben so, als wenn die Masse M' zum äussern Raume, im zweiten, als ob sie zum innern Raume gehörte.

Es gilt daher, bei irgendwie vertheilten Massen, die Gleichung $\int \frac{\delta V}{\delta p} \cdot \mathrm{d}s = 4\pi M$ allgemein in dem Sinne, dass M [34] die im innern Raume enthaltene Masse bedeutet, wohlverstanden, dass, wenn auch auf der Oberfläche selbst stetig vertheilte Massen sich befinden, diese den innern zugerechnet, oder davon ausgeschlossen werden müssen, je nachdem man für $\frac{\delta V}{\delta p}$ den auf die Aussenseite oder auf die Innenseite sich beziehenden Werth gewählt hat.

Sind demnach im Innern des Raumes gar keine Massen enthalten, so ist, wenn jedenfalls unter $\frac{\delta V}{\delta p}$ der auf die Innenseite sich beziehende Werth verstanden wird, $\int \frac{\delta V}{\delta p} \cdot \mathrm{d}s = 0$.

24.

Unter denselben Voraussetzungen, wie am Schluss des vorgehenden Artikels, und indem wir den in Rede stehenden Raum mit T, und die in dem Elemente $\mathrm{d}T$ desselben durch die ausserhalb des Raumes oder auch nach der Stetigkeit in der Oberfläche vertheilten Massen entspringende ganze Kraft mit q bezeichnen, haben wir folgenden wichtigen

Lehrsatz. Es ist

$$\int V \frac{\partial V}{\partial p} \cdot ds = -\int q^2 \, dT,$$

wenn das erste Integral über die ganze Fläche, das zweite durch den ganzen Raum T ausgedehnt wird.

Beweis. Indem wir rechtwinklige Coordinaten x, y, z einführen, betrachten wir zuvörderst eine der Axe der x parallele, den Raum T schneidende gerade Linie, wo also y, z constante Werthe haben. Aus der identischen Gleichung

$$\frac{\partial}{\partial x}\left(V \frac{\partial V}{\partial x}\right) = \left(\frac{\partial V}{\partial x}\right)^2 + V \frac{\partial^2 V}{\partial x^2}$$

folgt, dass das Integral

$$\int \left(\left(\frac{\partial V}{\partial x}\right)^2 + V \frac{\partial^2 V}{\partial x^2}\right) dx,$$

durch dasjenige Stück jener geraden Linie ausgedehnt, welches innerhalb T fällt, der Differenz der beiden Werthe von $V \dfrac{\partial V}{\partial x}$ am Anfangs- und Endpunkte gleich wird, insofern die gerade Linie die Grenzfläche nur zweimal schneidet, oder allgemein $= \Sigma \varepsilon V \dfrac{\partial V}{\partial x}$, indem für $V \dfrac{\partial V}{\partial x}$ die einzelnen Werthe in den verschiedenen Durchschnittspunkten gesetzt werden und ε in den ungeraden Durchschnittspunkten (dem ersten, dritten u. s. f.) $= -1$, in den geraden $= +1$. Betrachten wir ferner längs dieser geraden Linie den prismatischen Raum, wovon das Rechteck $dy \cdot dz$ ein Querschnitt, also $dx \cdot dy \cdot dz$ ein Element ist, so wird das Integral

$$\int \left(\left(\frac{\partial V}{\partial x}\right)^2 + V \frac{\partial^2 V}{\partial x^2}\right) dT,$$

ausgedehnt durch denjenigen Theil von T, welcher in jenen prismatischen Raum fällt, $= \Sigma \varepsilon V \dfrac{\partial V}{\partial x} \cdot dy \cdot dz$. Dieses Prisma scheidet aus der Grenzfläche zwei, oder allgemein eine gerade Anzahl von Stücken aus, und wenn jedes derselben mit ds bezeichnet wird, mit ξ hingegen der Winkel zwischen der Axe der x und der nach innen gerichteten Normale auf ds, so ist $dy \cdot dz = \pm \cos \xi \cdot ds$, das obere Zeichen für die ungeraden, das untere für die geraden Durchschnittspunkte genommen. Es wird folglich das obige Integral

$$= -\Sigma V \frac{\partial V}{\partial x} \cdot \cos \xi \cdot ds,$$

wo die Summation sich auf sämmtliche betreffende Flächenelemente bezieht. Wird nun der ganze Raum T in lauter solche prismatische Elemente zerlegt, so werden auch die sämmtlichen correspondirenden Theile der Fläche diese ganz erschöpfen, und mithin

$$\int \left(\left(\frac{\partial V}{\partial x}\right)^2 + V \frac{\partial^2 V}{\partial x^2} \right) dT = -\int V \frac{\partial V}{\partial x} \cdot \cos \xi \cdot ds$$

sein, indem die erste Integration durch den ganzen Raum T, die zweite über die ganze Fläche erstreckt wird. Offenbar ist nun $\cos \xi$ gleich dem partiellen Differentialquotienten $\frac{\partial x}{\partial p}$, indem p die im Art. 23 festgelegte Bedeutung hat, und x als Function von p und zwei andern veränderlichen, die einzelnen Punkte der Fläche von einander unterscheidenden Grössen betrachtet werden kann, folglich

[36]
$$\int \left(\left(\frac{\partial V}{\partial x}\right)^2 + V \frac{\partial^2 V}{\partial x^2} \right) dT = -\int V \frac{\partial V}{\partial x} \cdot \frac{\partial x}{\partial p} \cdot ds.$$

Es ist übrigens von selbst klar, dass in dem Falle, wo die Fläche selbst Massen enthält, und also $\frac{\partial V}{\partial x}$ zwei verschiedene Werthe hat, hier immer der auf den innern Raum sich beziehende zu verstehen ist.

Durch ganz ähnliche Schlüsse findet man

$$\int \left(\left(\frac{\partial V}{\partial y}\right)^2 + V \frac{\partial^2 V}{\partial y^2} \right) dT = -\int V \frac{\partial V}{\partial y} \cdot \frac{\partial y}{\partial p} \cdot ds,$$

$$\int \left(\left(\frac{\partial V}{\partial z}\right)^2 + V \frac{\partial^2 V}{\partial z^2} \right) dT = -\int V \frac{\partial V}{\partial z} \cdot \frac{\partial z}{\partial p} \cdot ds.$$

Addirt man nun diese drei Gleichungen zusammen und erwägt, dass im Raume T

$$\frac{\partial^2 V}{\partial x^2} + \frac{\partial^2 V}{\partial y^2} + \frac{\partial^2 V}{\partial z^2} = 0,$$

$$\left(\frac{\partial V}{\partial x}\right)^2 + \left(\frac{\partial V}{\partial y}\right)^2 + \left(\frac{\partial V}{\partial z}\right)^2 = q^2,$$

und an der Grenzfläche

$$\frac{\partial V}{\partial x} \cdot \frac{\partial x}{\partial p} + \frac{\partial V}{\partial y} \cdot \frac{\partial y}{\partial p} + \frac{\partial V}{\partial z} \cdot \frac{\partial z}{\partial p} = \frac{\partial V}{\partial p},$$

Allgemeine Lehrsätze.

so erhält man $\int q^2 dT = -\int V \cdot \frac{\partial V}{\partial p} \cdot ds$, welches unser Lehrsatz selbst ist, der unter Zuziehung des letzten Satzes des vorhergehenden Artikels noch allgemeiner sich so ausdrücken lässt

$$\int q^2 dT = \int (A-V) \frac{\partial V}{\partial p} \cdot ds,$$

wenn A eine beliebige constante Grösse bedeutet.

25.

Lehrsatz. Wenn unter denselben Voraussetzungen, wie im vorhergehenden Artikel, das Potential V in allen Punkten der Grenzfläche des Raumes T einerlei Werth hat, so gilt dieser Werth auch für sämmtliche Punkte des Raumes [37] selbst, und es findet in dem ganzen Raume T eine vollständige Destruction der Kräfte statt.

Beweis. Wenn in dem erweiterten Lehrsatze des vorhergehenden Artikels für A der constante Grenzwerth des Potentials angenommen wird, so erhellet, dass $\int q^2 dT = 0$ wird, also nothwendig $q = 0$ in jedem Punkte des Raumes T, mithin auch $\frac{\partial V}{\partial x} = 0, \frac{\partial V}{\partial y} = 0, \frac{\partial V}{\partial z} = 0$, und folglich V im ganzen Raume T constant.

26.

Lehrsatz. Wenn von Massen, welche sich bloss innerhalb des endlichen Raumes T, oder auch, ganz oder theilweise nach der Stetigkeit vertheilt, auf dessen Oberfläche S befinden, das Potential in allen Punkten von S einen constanten Werth $= A$ hat, so wird das Potential in jedem Punkte O des äussern unendlichen Raumes T'
erstlich, wenn $A = 0$ ist, gleichfalls $= 0$,
zweitens, wenn A nicht $= 0$ ist, kleiner als A und mit demselben Zeichen wie A behaftet sein.

Beweis. I. Zuvörderst soll bewiesen werden, dass das Potential in O keinen ausserhalb der Grenzen 0 und A fallenden Werth haben kann. Nehmen wir an, es finde in O ein solcher Werth B für das Potential statt, und bezeichnen mit C eine beliebige, zugleich zwischen B und 0 und zwischen B und A

fallende Grösse. Indem man von O nach allen Richtungen gerade Linien ausgehen lässt, wird es auf jeder derselben einen Punkt O' geben, in welchem das Potential $= C$ wird, und zwar so, dass die ganze Linie OO' dem Raume T' angehört. Dies folgt unmittelbar aus der Stetigkeit der Aenderung des Potentials, welches, wenn die gerade Linie hinlänglich fortgesetzt wird, entweder von B in A übergeht, oder unendlich abnimmt, jenachdem die gerade Linie die Fläche S trifft oder nicht (vergl. die Bemerkung am Schlusse des 21. Artikels). Der Inbegriff aller Punkte O' bildet dann eine geschlossene Fläche, und da das Potential in derselben constant $= C$ ist, so muss es nach dem Lehrsatze des vorhergehenden Artikels denselben Werth in allen Punkten des von dieser Fläche [38] eingeschlossenen Raumes haben, da es doch in O den von C verschiedenen Werth B hat. Die Voraussetzung führt also nothwendig auf einen Widerspruch.

Für den Fall $A = 0$ ist hierdurch unser Lehrsatz vollständig bewiesen; für den zweiten Fall, wo A nicht $= 0$ ist, soweit, dass erhellet, das Potential könne in keinem Puncte von T' grösser als A, oder mit entgegengesetztem Zeichen behaftet sein.

II. Um für den zweiten Fall unsern Beweis vollständig zu machen, beschreiben wir um O als Mittelpunkt mit einem Halbmesser R, der kleiner ist als die kleinste Entfernung des Punktes O von S, eine Kugelfläche, zerlegen sie in Elemente ds, und bezeichnen das Potential in jedem Elemente mit V; das Potential in O soll wieder mit B bezeichnet werden. Nach dem Lehrsatze des 20. Artikels wird dann das über die ganze Kugelfläche ausgedehnte Integral

$\int V\,ds = 4\pi R^2 B$, und folglich $\int (V - B)\,ds = 0$.

Diese Gleichheit kann aber nur bestehen, wenn V entweder in allen Puncten der Kugelfläche constant $= B$ oder wenn V in verschiedenen Theilen der Kugelfläche in entgegengesetztem Sinne von B verschieden ist. In der ersten Voraussetzung würde nach Art. 25 das Potential im ganzen innern Raume der Kugel und daher nach Art. 21 im ganzen unendlichen Raume T' constant, und zwar $= 0$ sein müssen, im Widerspruche mit der Voraussetzung, dass es an der Grenze dieses Raumes, auf der Fläche S, von 0 verschieden ist, und der Unmöglichkeit, dass es sich von da ab sprungweise ändere. Die zweite Voraussetzung hingegen würde mit dem unter I. Bewiesenen im Widerspruch stehen, wenn B entweder $= 0$ oder $= A$ wäre. Es muss daher nothwendig B *zwischen* 0 und A fallen.

27.

Lehrsatz. In dem Lehrsatze des vorhergehenden Artikels kann der erste Fall, oder der Werth 0 des constanten Potentials A, nur dann stattfinden, wenn die Summe aller Massen selbst $= 0$ ist, und der zweite nur dann, wenn diese Summe nicht $= 0$ ist.

Beweis. Es sei ds das Element der Oberfläche irgend einer den Raum T einschliessenden Kugel, R ihr Halbmesser, [39] M die Summe aller Massen und V deren Potential in ds. Da nach dem Lehrsatze des 20. Artikels das Integral $\int V ds = 4\pi RM$ wird, im ersten Falle oder für $A = 0$ aber nach dem vorhergehenden Lehrsatze das Potential V in allen Punkten der Kugelfläche $= 0$ wird, im zweiten hingegen kleiner als A und mit demselben Zeichen behaftet, so wird im ersten Fall $4\pi RM = 0$, also $M = 0$, im zweiten hingegen $4\pi RM$ und also auch M mit demselben Zeichen behaftet sein müssen wie A. Zugleich erhellet, dass in diesem zweiten Falle $4\pi RM$ kleiner sein wird, als $\int A ds$ oder $4\pi R^2 A$, mithin M kleiner als RA, oder A grösser als $\dfrac{M}{R}$.

Der zweite Theil dieses Lehrsatzes, in Verbindung mit dem Lehrsatze des vorhergehenden Artikels, kann offenbar auch auf folgende Art ausgesprochen werden:

Wenn von Massen, die in einem von einer geschlossenen Fläche begrenzten Raume enthalten, oder auch theilweise in der Fläche selbst stetig vertheilt sind, die algebraische Summe $= 0$ ist, und ihr Potential in allen Punkten der Fläche einen constanten Werth hat, so wird dieser Werth nothwendig selbst $= 0$ sein zugleich für den ganzen unendlichen äussern Raum gelten, und folglich in diesem ganzen äussern Raume die Wirkung der Kräfte aus jenen Massen sich vollständig destruiren.

28.

Man wird sich leicht überzeugen, dass sämmtliche Schlüsse der beiden vorhergehenden Artikel ihre Gültigkeit behalten, wenn S eine nicht geschlossene Fläche ist und die Massen bloss in derselben enthalten sind. Hier fällt der Raum T ganz weg; alle Punkte, die nicht in der Fläche selbst liegen, gehören dem unendlichen äussern Raume an, und wenn das Potential in der

Fläche überall den constanten von 0 verschiedenen Werth A hat, wird es ausserhalb derselben überall einen kleinern Werth haben, der dasselbe Zeichen hat.

Das auf den ersten Fall, $A = 0$, Bezügliche bleibt zwar auch hier wahr, aber inhaltleer, da in diesem Fall das Potential V in allen Punkten des Raumes $= 0$ wird, mithin auch [40] überall $\frac{\partial V}{\partial t} = 0$, wenn t irgend eine gerade Linie bedeutet, woraus man leicht nach Art. 18 schliesst, dass die Dichtigkeit in der Fläche überall $= 0$ sein muss, also die Fläche gar keine Massen enthalten kann.

Diese letztere Bemerkung gilt übrigens allgemein, wenn die Massen bloss in der Fläche selbst enthalten sein sollen, auch wenn sie eine geschlossene ist, da offenbar nach dem Lehrsatz des 25. Artikels der Werth des Potentials in diesem Fall auch in dem ganzen innern Raume $= 0$ sein wird.

29.

Ehe wir zu den folgenden Untersuchungen fortschreiten, in denen Massen, nach der Stetigkeit in einer Fläche vertheilt, eine Hauptrolle spielen, muss eine wesentliche bei der Vertheilung stattfindende Verschiedenheit hervorgehoben werden, indem nämlich entweder nur Massen von einerlei Zeichen (die wir der Kürze wegen immer als positiv betrachten werden) zugelassen werden, oder auch Massen von entgegengesetzten Zeichen. Ist eine Masse M auf einer Fläche so vertheilt, dass auf jedes Element der Fläche ds die Masse mds kommt, wo also nach unserm bisherigen Gebrauche m die Dichtigkeit genannt, und $\int m\,ds$, über die ganze Fläche ausgedehnt, $= M$ wird, so nennen wir dies eine *gleichartige* Vertheilung, wenn m überall positiv, oder wenigstens nirgends negativ ist; wenn hingegen in einigen Stellen m positiv, in andern negativ ist, so soll die Vertheilung eine *ungleichartige* Vertheilung heissen, wobei also M nur die algebraische Summe der Massentheile, oder der absolute Unterschied der positiven und der negativen Massen ist. Ein ganz specieller Fall ungleichartiger Vertheilung ist der, wo $M = 0$ wird, und wo es freilich anstössig scheinen mag, sich des Ausdrucks, die Masse 0 sei über die Fläche vertheilt, noch zu bedienen.

Allgemeine Lehrsätze.

30.

Es ist von selbst klar, dass, wie auch immer eine Masse M über eine Fläche *gleichartig* vertheilt sein möge, das daraus [41] entspringende überall positive Potential V in jedem Punkte der Fläche grösser sein wird, als $\dfrac{M}{r}$, wenn r die grösste Entfernung zweier Punkte der Fläche von einander bedeutet: diesen Werth selbst könnte das Potential nur in einem Endpunkte der Linie r haben, wenn die ganze Masse in dem andern Endpunkte concentrirt wäre, ein Fall, der hier gar nicht in Frage kommt, indem nur von stetiger Vertheilung die Rede sein soll, wo jedem Elemente der Fläche ds nur eine unendlich kleine Masse $m\,ds$ entspricht. Das Integral $\int V m\,ds$, über die ganze Fläche ausgedehnt, ist also jedenfalls grösser als $\int \dfrac{M}{r} m\,ds$ oder $\dfrac{M^2}{r}$, und so muss es nothwendig eine gleichartige Vertheilungsart geben, für welche jenes Integral einen Minimumwerth hat. Es mag nun hier im Voraus als eines der Ziele der folgenden Untersuchungen bezeichnet werden, zu beweisen, dass bei einer solchen Vertheilung, wo $\int V m\,ds$ seinen Minimumwerth erhält, das Potential V in jedem Punkte der Fläche einerlei Werth haben wird, dass dabei keine Theile der Fläche leer bleiben können, und dass es nur eine einzige solche Vertheilung giebt. Der Kürze wegen wollen wir aber die Untersuchung schon von Anfang an in einer weiter umfassenden Gestalt ausführen.

31.

Es bedeute U eine Grösse, die in jedem Punkte der Fläche einen bestimmten endlichen, nach der Stetigkeit sich ändernden Werth hat. Es wird dann das Integral

$$\Omega = \int (V - 2U)\, m\,ds,$$

über die ganze Fläche ausgedehnt, zwar nach Verschiedenheit der gleichartigen Vertheilung der Masse M sehr ungleiche Werthe haben können; allein offenbar muss für Eine solche Vertheilungsart ein Minimumwerth dieses Integrals stattfinden. Es soll nun ein Beweis gegeben werden für den

Lehrsatz, dass bei solcher Vertheilungsart
1. Die Differenz $V - U = W$ überall in der Fläche, wo sie wirklich mit Theilen von M belegt ist, einen constanten Werth haben wird;

2. dass, falls Theile der Fläche dabei unbelegt bleiben, W in denselben grösser sein muss, oder wenigstens nicht kleiner sein kann, als jener constante Werth.

I. Zuvörderst soll bewiesen werden, dass, wenn anstatt einer Vertheilungsweise eine andere, unendlich wenig davon verschiedene angenommen wird, indem $m + \mu$ an die Stelle von m gesetzt wird, die daraus entspringende Variation von Ω durch $2\int W\mu\,ds$ ausgedrückt werden wird.

In der That ist, wenn wir die Variationen von Ω und V mit $\delta\Omega$ und δV bezeichnen,
$$\delta\Omega = \int \delta V.\,m\,ds + \int(V - 2U)\mu\,ds.$$
Allein zugleich ist $\int \delta V.\,m\,ds = \int V\mu\,ds$, wie leicht aus dem Lehrsatze des 19. Artikels erhellet, indem δV nichts anders ist, als das Potential derjenigen Massenvertheilung, wobei μ die Dichtigkeit in jedem Flächenelemente vorstellt und also, was hier $V, m, \delta V, \mu$ ist, dort für V, K, v, k angenommen werden kann, so wie ds zugleich für dS und ds. Es wird folglich
$$\delta\Omega = \int(2V - 2U)\mu\,ds = 2\int W\mu\,ds.$$

II. Offenbar sind die Variationen μ allgemein an die Bedingung geknüpft, dass $\int \mu\,ds = 0$ werden muss; für die gegenwärtige Untersuchung aber auch noch an die zweite, dass μ in den unbelegten Theilen der Fläche, wenn solche vorhanden sind, nicht negativ sein darf, weil sonst die Vertheilung aufhören würde, eine gleichartige zu sein.

III. Nehmen wir nun an, dass bei einer bestimmten Vertheilung von M ungleiche Werthe der Grösse W in den verschiedenen Theilen der Fläche stattfinden. Es sei A eine Grösse, die zwischen den ungleichen Werthen von W liegt; P das Stück der Fläche, wo die Werthe von W grösser, Q dasjenige, wo sie kleiner sind, als A: es seien ferner p, q gleich grosse Stücke der Fläche, jenes zu P, dieses zu Q gehörig. Dies vorausgesetzt, legen wir der Variation von m überall in p den constanten negativen Werth $\mu = -\nu$, in q hingegen überall den positiven $\mu = \nu$, und in allen übrigen Theilen der Fläche den Werth 0 bei. Offenbar wird hierdurch der ersten Bedingung in II Genüge geleistet; die zweite hingegen wird noch erfordern, dass p keine unbelegten Theile enthalte, was immer bewirkt werden kann, wenn nur nicht das ganze Stück P unbelegt ist.

Der Erfolg hiervon wird aber sein, dass $\delta\Omega$ einen negativen

Werth erhält, wie man leicht sieht, wenn man diese Variation in die Form $2\int (W - A)\mu\, ds$ setzt. Es erhellet hieraus, dass, wenn bei einer gegebenen Vertheilung entweder in dem belegten Stücke der Fläche ungleiche Werthe von W vorkommen, oder wenn, bei stattfindender Gleichheit der Werthe in dem belegten Stücke, kleinere in dem nichtbelegten Theile angetroffen werden, durch eine abgeänderte Vertheilung eine Verminderung von Ω erreicht werden kann, und dass folglich bei dem Minimumwerthe nothwendig die in obigem Lehrsatze ausgesprochenen Bedingungen erfüllt sein müssen.

32.

Wenn wir jetzt für unsern speciellern Fall (Art. 30), wo $U = 0$ ist, also W das blosse Potential der auf der Fläche vertheilten Masse, und Ω das Integral $\int V m\, ds$ bedeutet, mit dem Lehrsatze des vorhergehenden Artikels den im 28. Artikel angeführten verbinden, so folgt von selbst, dass bei dem Minimumwerth von $\int V m\, ds$ die Fläche gar keine unbelegten Theile haben kann; denn sonst würde, auch wenn die ganze Fläche eine geschlossene ist, der belegte Theil eine ungeschlossene und hinsichtlich derselben der unbelegte Theil als dem äussern Raume angehörig zu betrachten sein, mithin darin nach Art. 28 das Potential einen kleinern Werth haben müssen als in der belegten Fläche, während der Lehrsatz des vorhergehenden Artikels einen kleinern Werth ausschliesst.

Es ist also erwiesen, dass es eine gleichartige Vertheilung einer gegebenen Masse über die ganze Fläche giebt, wobei kein Theil leer bleibt, und woraus ein in allen Punkten der Fläche gleiches Potential hervorgeht. Was zum vollständigen Beweise des im 30. Artikel aufgestellten Lehrsatzes jetzt noch fehlt, nämlich die Nachweisung, dass es nur Eine dies leistende Vertheilungsart geben kann, wird weiter unten als Theil eines allgemeineren Lehrsatzes erscheinen.

Dass, wenn der Minimumwerth für $\int V m\, ds$ stattfinden [44] soll, kein Theil der Fläche unbelegt bleiben darf, kann offenbar auch so ausgedrückt werden: Bei jeder Vertheilung, wobei ein endliches Stück der Fläche leer bleibt, erhält das Integral $\int V m\, ds$ einen Werth, der den Minimumwerth um eine endliche Differenz übertrifft.

33.

Der eigentliche Hauptnerv der im 31. Artikel entwickelten Beweisführung beruht auf der Evidenz, mit welcher die Existenz eines Minimumwerths für Ω unmittelbar erkannt wird, solange man sich auf die gleichartigen Vertheilungen einer gegebenen Masse beschränkt. Fände eine gleiche Evidenz auch ohne diese Beschränkung statt, so würden die dortigen Schlüsse ohne weiteres zu dem Resultate führen, *dass es allemal, wenn nicht eine gleichartige, doch eine ungleichartige Vertheilung der gegebenen Masse giebt, für welche $W = V - U$ in allen Punkten der Fläche einen constanten Werth erhält*, indem dann die zweite Bedingung (Art. 31. II) wegfällt. Allein da jene Evidenz verloren geht, sobald wir die Beschränkung auf gleichartige Vertheilungen fallen lassen, so sind wir genöthigt, den strengen Beweis jenes wichtigsten Satzes unserer ganzen Untersuchung auf einem etwas künstlichern Wege zu suchen. Der folgende scheint am einfachsten zum Ziele zu führen.

Wir betrachten zunächst drei verschiedene Massenvertheilungen, bei welchen wir anstatt der unbestimmten Zeichen für Dichtigkeit m und Potential V folgende besondere gebrauchen:

I. $m = m^0$, $V = V^0$,
II. $m = m'$, $V = V'$,
III. $m = \mu$, $V = v$.

Die Vertheilung I ist diejenige gleichartige der positiven Masse M, für welche $\int Vm\,ds$ seinen Minimumwerth erhält.

II ist die gleichartige Vertheilung derselben Masse M, für welche $\int(V - 2\varepsilon U)m\,ds$ seinen Minimumwerth erhält, wo ε einen beliebigen constanten Coefficienten bedeutet.

III hängt so von I und II ab, dass $\mu = \dfrac{m' - m^0}{\varepsilon}$, und ist also eine ungleichartige Vertheilung, in welcher die Gesammtmasse $= 0$ wird.

[45] Es ist nun nach dem im 31. Artikel Bewiesenen constant V^0 in der ganzen Fläche; $V' - \varepsilon U$ in der Fläche, so weit sie bei der zweiten Vertheilung belegt ist, und daher in demselben Stücke der Fläche auch $v - U$, weil $v = \dfrac{V' - V^0}{\varepsilon}$.

Ob in der zweiten Vertheilung die ganze Fläche belegt ist, oder ob ein grösseres oder kleineres Stück unbelegt bleibt, wird von dem Coefficienten ε abhängen. Da die zweite Vertheilung in die erste übergeht, wenn $\varepsilon = 0$ wird, so wird, allgemein zu reden, das für einen bestimmten Werth von ε unbelegt gebliebene Stück der Fläche sich verengern, wenn ε abnimmt, und sich schon ganz füllen, ehe ε den Werth 0 erreicht hat. In singulären Fällen aber kann es sich auch so verhalten, dass immer ein Stück unbelegt bleibt, so lange ε von 0 verschieden ist und nicht das entgegengesetzte Zeichen annimmt. Für unsern Zweck ist es zureichend, ε unendlich klein anzunehmen, wo sich leicht nachweisen lässt, dass jedenfalls kein endliches Flächenstück unbelegt bleiben kann. Denn im entgegengesetzten Falle würde nach der Schlussbemerkung des Art. 32 das Integral $\int V' m' ds$ um einen endlichen Unterschied grösser sein müssen als $\int V^o m^o ds$: wird dieser Unterschied mit e bezeichnet, so ist der Unterschied der beiden Integrale

$$\int (V' - 2\varepsilon U) m' ds - \int (V^o - 2\varepsilon U) m^o ds = e - 2\varepsilon \int U(m' - m^o) ds,$$

welcher für ein unendlichkleines ε einen positiven Werth behält, im Widerspruch mit der Voraussetzung, dass $\int (V - 2\varepsilon U) m ds$ in der zweiten Vertheilung seinen Minimumwerth hat.

Man schliesst hieraus, dass, wenn man in der dritten Vertheilung für μ den Grenzwerth von $\dfrac{m' - m^o}{\varepsilon}$, bei unendlicher Abnahme von ε, annimmt, $v - U$ in der ganzen Fläche einen constanten Werth hat.

Bilden wir nun eine vierte Vertheilung, wobei $m = m^o + \mu$ gesetzt wird, die ganze Masse also $= M$ bleibt, so wird das daraus entspringende Potential $= V^o + v$ sein, mithin in der ganzen Fläche die Grösse U um die constante Differenz $V^o + v - U$ übertreffen, wodurch also der oben ausgesprochene Lehrsatz erwiesen ist.

[46]   34.

Es bleibt noch übrig, zu beweisen, dass nur eine Vertheilungsart einer gegebenen Masse M möglich ist, bei welcher $V - U$ in der ganzen Fläche constant ist. In der That, gäbe es zwei verschiedene dies leistende Vertheilungsarten, so würde, wenn man m und V in der ersten mit m', V', in der zweiten mit m'', V'' bezeichnet, von einer dritten Massenvertheilung, in welcher $m = m' - m''$ angenommen wird, das Potential $= V' - V''$ und folglich constant sein, und die Gesammtmasse $= 0$. Das constante Potential müsste daher nach Art. 27 nothwendig $= 0$ sein, und folglich nach Art. 28 auch $m' - m'' = 0$, oder die beiden Vertheilungen identisch.

Endlich muss noch erwähnt werden, dass es immer eine Massenvertheilung giebt, wobei die Differenz $V - U$ einen *gegebenen* constanten Werth erhält. Bedeutet nämlich α einen beliebigen constanten Coefficienten, so wird, indem wir die Bezeichnungen für die erste und dritte Vertheilung im vorhergehenden Artikel beibehalten, das Potential derjenigen Vertheilung, wobei $m = \alpha m^0 + \mu$ angenommen wird, $= \alpha V^0 + v$ sein, und dem constanten Unterschiede $\alpha V^0 + v - U$ durch gehörige Bestimmung des Coefficienten α jeder beliebige Werth ertheilt werden können. Die Gesammtmasse dieser Vertheilung ist dann aber nicht mehr willkürlich, sondern $= \alpha M$. Uebrigens erhellet auf dieselbe Art wie vorhin, dass auch diese Vertheilungsbedingung nur auf eine einzige Art erfüllt werden kann.

35.

Die wirkliche Bestimmung der Vertheilung der Masse auf einer gegebenen Fläche für jede vorgeschriebene Form von U übersteigt in den meisten Fällen die Kräfte der Analyse in ihrem gegenwärtigen Zustande. Der einfachste Fall, wo sie in unsrer Gewalt ist, ist der einer ganzen Kugelfläche; wir wollen jedoch sofort den allgemeinern behandeln, wo die Fläche von der Kugelfläche sehr wenig abweicht, und Grössen von höherer Ordnung, als die Abweichung selbst, vernachlässigt werden dürfen.

Es sei R der Halbmesser der Kugel, r die Enfernung [47] jedes Punktes im Raume von ihrem Mittelpunkte, u der Winkel zwischen r und einer festen geraden Linie, λ der Winkel zwischen der durch diese gerade Linie und r gelegten Ebene und einer festen Ebene. Der Abstand eines unbestimmten Punktes in der gegebenen geschlossenen Fläche vom Mittelpunkte der Kugel sei $= R(1 + \gamma z)$, wo γ ein constanter sehr kleiner Factor ist, dessen höhere Potenzen vernachlässigt werden, z hingegen eben so wie U Functionen von u und λ.

Das Potential V der auf der Kugelfläche vertheilten Masse wird in jedem Punkte des äussern Raumes durch eine nach Potenzen von r fallende Reihe ausgedrückt werden, welcher wir die Form geben

$$A^0 \frac{R}{r} + A' \left(\frac{R}{r}\right)^2 + A'' \left(\frac{R}{r}\right)^3 + \text{u. s. f.};$$

Allgemeine Lehrsätze.

in jedem Punkte des innern Raumes hingegen durch die steigende Reihe

$$B^0 + B'\frac{r}{R} + B''\left(\frac{r}{R}\right)^2 + B'''\left(\frac{r}{R}\right)^3 + \text{u. s. f.}$$

Die Coefficienten A^0, A', A'' u. s. f. sind Functionen von u und λ, welche bekannten partiellen Differentialgleichungen Genüge leisten (S. Resultate 1838 S. 22), und eben so B^0, B', B'' u. s. f. Auf der vorgegebenen Fläche soll nun das Potential einer gegebenen Function von u und λ gleich werden, nämlich $V = U$, also

$$\left(\frac{r}{R}\right)^{\frac{1}{2}} V = (1 + \gamma z)^{\frac{1}{2}} U.$$

Nehmen wir also an, dass $(1 + \gamma z)^{\frac{1}{2}} U$ in eine Reihe

$$P^0 + P' + P'' + P''' + \text{u. s. w.}$$

entwickelt sei, dergestalt, dass die einzelnen Glieder P^0, P', P'', P''' u. s. f. gleichfalls den gedachten Differentialgleichungen Genüge leisten, und erwägen, dass die beiden obigen Reihen für das Potential bis zur Fläche selbst gültig bleiben müssen, so erhellet, dass

$$P^0 + P' + P'' + P''' + \text{u. s. f.}$$
$$= A^0 (1 + \gamma z)^{-\frac{1}{2}} + A'(1 + \gamma z)^{-\frac{3}{2}} + A''(1 + \gamma z)^{-\frac{5}{2}} + \text{u. s. f.}$$
$$= B^0 (1 + \gamma z)^{\frac{1}{2}} + B'(1 + \gamma z)^{\frac{3}{2}} + B''(1 + \gamma z)^{\frac{5}{2}} + \text{u. s. f.}$$

sein wird. Wir schliessen hieraus, dass, wenn man Grössen [48] der Ordnung γ vernachlässigt, $P^0 + P' + P'' + \text{u. s. f.} = A^0 + A' + A'' + \text{u. s. f.}$ und also (da eine Function von u, λ nur auf Eine Art in eine Reihe entwickelt werden kann, deren Glieder den erwähnten Differentialgleichungen Genüge leisten) $P^0 = A^0$, $P' = A'$, $P'' = A''$ u. s. f. Eben so wird, Grössen der Ordnung γ vernachlässigt, $P^0 = B^0$, $P' = B'$, $P'' = B''$ u. s. f

Setzt man also

$$\text{(I)} \begin{cases} A^0 = P^0 + \gamma a^0, & B^0 = P^0 - \gamma b^0, \\ A' = P' + \gamma a', & B' = P' - \gamma b', \\ A'' = P'' + \gamma a'', & B'' = P'' - \gamma b'', \\ A''' = P''' + \gamma a''', & B''' = P''' - \gamma b''' \end{cases}$$

u. s. f.,

wo offenbar auch a^0, a', a'', a''' u. s. f., imgleichen b^0, b', b'', b''' u. s. f. den erwähnten Differentialgleichungen Genüge leisten werden, und substituirt diese Werthe in den obigen Gleichungen.

indem man dabei Grössen von der Ordnung γ^2 vernachlässigt, so wird, nachdem mit γ dividirt ist, bis auf Fehler von der Ordnung γ genau

$$a^0 + a' + a'' + a''' + \text{u. s. f.}$$
$$= \tfrac{1}{2} z [P^0 + 3P' + 5P'' + 7P''' + \text{u. s. f.}],$$
$$b^0 + b' + b'' + b''' + \text{u. s. f.}$$
$$= \tfrac{1}{2} z [P^0 + 3P' + 5P'' + 7P''' + \text{u. s. f.}].$$

Es ist also bis auf Fehler der Ordnung γ genau,

$$b^0 = a^0,\ b' = a',\ b'' = a''\ \text{u. s. f.}$$

und folglich, bis auf Fehler der Ordnung γ^2 genau,

(II) $B^0 = P^0 - \gamma a^0,\ B' = P' - \gamma a',\ B'' = P'' - \gamma a''\ \text{u. s. f.}$

Der Differentialquotient $\dfrac{\partial V}{\partial r}$ hat in der Fläche selbst zwei verschiedene Werthe, und der auf ein negatives ∂r oder auf die innere Seite sich beziehende übertrifft den auf der äussern Seite geltenden um $4\pi m \cos\theta$, wenn m die Dichtigkeit an der Durchschnittsstelle und θ den Winkel zwischen r und der Normale bezeichnet (Art. 13, wo t, A, k^0 dasselbe bedeuten, was hier r, θ, m sind). Man findet diese beiden Werthe, wenn man die beiden im innern und äussern Raume geltenden Ausdrücke für V nach r differentiirt und dann $r = R(1 + \gamma z)$ setzt. Es ist also der erste

[49] $\dfrac{1}{R}[B' + 2B''(1 + \gamma z) + 3B'''(1 + \gamma z)^2 + \text{u. s. f.}]$

und der zweite

$-\dfrac{1}{R}[A^0(1+\gamma z)^{-2} + 2A'(1+\gamma z)^{-3} + 3A''(1+\gamma z)^{-4} + \text{u.s.f.}]$.

Wir haben also, wenn wir die Differenz mit $R(1+\gamma z)^{\frac{3}{2}}$ multipliciren,

$$4\pi m R \cos\theta \cdot (1+\gamma z)^{\frac{3}{2}}$$
$$= A^0(1+\gamma z)^{-\frac{1}{2}} + 2A'(1+\gamma z)^{-\frac{3}{2}} + 3A''(1+\gamma z)^{-\frac{5}{2}} + \text{u. s. f.}$$
$$+ B'(1+\gamma z)^{\frac{3}{2}} + 2B''(1+\gamma z)^{\frac{5}{2}} + 3B'''(1+\gamma z)^{\frac{7}{2}} + \text{u. s. f.}$$

Substituiren wir hierin statt A^0, A' u. s. f. die Werthe aus (I), und statt B^0, B' u. s. w. die Werthe aus (II), und lassen weg, was von der Ordnung γ^2 ist, so erhalten wir

$$4\pi m R \cos\theta \cdot (1+\gamma z)^{\frac{3}{2}} = P^0 + 3P' + 5P'' + 7P''' + \text{u. s. f.}$$
$$+ \gamma(a^0 + a' + a'' + a''' + \text{u. s. f.})$$
$$- \tfrac{1}{2}\gamma z(P^0 + 3P' + 5P'' + \text{u. s. f.}),$$

folglich, da die beiden letzten Reihen bis auf Grössen der Ordnung γ^2 einander destruiren,

$$m = \frac{(1+\gamma z)^{-\frac{3}{2}}}{4\pi R \cos\theta} \cdot (P^0 + 3P' + 5P'' + 7P''' + \text{u. s. f.}),$$

womit die Aufgabe gelöset ist. Anstatt $(1 + \gamma z)^{-\frac{3}{2}}$ kann man auch schreiben $1 - \frac{3}{2}\gamma z$, und den Divisor $\cos\theta$ weglassen, insofern, wenigstens allgemein zu reden, θ von der Ordnung γ, und also $\cos\theta$ von 1 nur um eine Grösse der Ordnung γ^2 verschieden ist.

Für den Fall einer Kugel, wo $\gamma = 0$, hat man in aller Schärfe

$$m = \frac{1}{4\pi R}(P^0 + 3P' + 5P'' + 7P''' + \text{u. s. f.}),$$

indem $P^0 + P' + P'' + P''' + $ u. s. f. die Entwickelung von U selbst vorstellt.

36.

Die Grösse U ist in den bisherigen Untersuchungen unbestimmt gelassen: die Anwendung derselben auf den Fall, wo für U das Potential eines gegebenen Massensystems angenommen wird, bahnt uns nun den Weg zu folgendem wichtigen [50]
Lehrsatz. Anstatt einer beliebigen gegebenen Massenvertheilung D, welche entweder bloss auf den innern von einer geschlossenen Fläche S begrenzten Raum beschränkt ist, oder bloss auf den äussern Raum, lässt sich eine Massenvertheilung E bloss auf der Fläche selbst substituiren, mit dem Erfolge, dass die Wirkung von E der Wirkung von D gleich wird, in allen Punkten des äussern Raumes für den ersten Fall, oder in allen Punkten des innern Raumes für den zweiten.

Es wird dazu nur erfordert, dass, indem das Potential von D in jedem Punkte von S mit U, das Potential von E hingegen mit V bezeichnet wird, in der ganzen Fläche für den ersten Fall $V - U = 0$, für den zweiten aber nur constant werde. Es wird nämlich $-U$ das Potential einer Vertheilung D' sein, die der D entgegengesetzt ist (so dass an die Stelle jedes Massentheils ein entgegengesetztes tritt), also $V - U$ das Potential der zugleich bestehenden Vertheilungen D' und E; die Wirkungen daraus werden sich folglich im ersten Fall im ganzen äussern Raume, im zweiten im ganzen innern destruiren (Artt. 27 und 25), oder die Wirkungen von D und E werden in den betreffenden Räumen gleich sein. Uebrigens wird die ganze

Masse in E für den ersten Fall der Masse in D gleich sein, im zweiten aber willkürlich bleiben.

Der Lehrsatz, welcher in der *Intensitas vis magneticae* S. 10 angekündigt, und auch in der *Allgemeinen Theorie des Erdmagnetismus* an verschiedenen Stellen angeführt ist, erscheint jetzt als ein specieller Fall des hier bewiesenen.

37.

Obgleich, wie schon im 35. Artikel bemerkt ist, die wirkliche vollständige Ausmittelung der Vertheilung E in den meisten Fällen unüberwindliche Schwierigkeiten darbietet, so giebt es doch einen, wo sie mit grosser Leichtigkeit geschehen kann, und der hier noch besonders angeführt zu werden verdient. Dies ist nämlich der, wo U constant, also S eine Gleichgewichtsfläche für das gegebene Massensystem D ist. Man sieht leicht, dass hier nur von dem Falle die Rede zu sein braucht, wo D im innern Raume angenommen wird, und nicht die Gesammtmasse $= 0$ ist, da sonst gar keine Wirkung da sein [51] würde, die durch eine Massenvertheilung auf S ersetzt zu werden brauchte.

Es sei O ein Punkt der Fläche S, und r eine gerade Linie, welche die Fläche daselbst unter rechten Winkeln schneidet, und in der Richtung von Innen nach Aussen als wachsend betrachtet wird; es sei ferner $-C$ der Werth des Differentialquotienten $\frac{\partial U}{\partial r}$ in O, und m die Dichtigkeit, welche bei der Massenvertheilung E in O statthat. Der Differentialquotient $\frac{\partial V}{\partial r}$ wird in O zwei verschiedne Werthe haben; der auf die äussere Seite sich beziehende wird, weil in der Fläche und im ganzen äussern Raume $V = U$ ist, dem Differentialquotienten $\frac{\partial U}{\partial r}$ gleich, also $= -C$ sein; der auf die innere Seite sich beziehende hingegen $= 0$, weil V in der Fläche und im ganzen innern Raume constant ist. Da nun aber der zweite Werth um $4\pi m$ grösser ist als der erste, so haben wir $4\pi m = C$ oder $m = \frac{C}{4\pi}$. Offenbar ist C nichts anderes, als die aus der Massenvertheilung D entspringende Kraft, und hat mit der Gesammtmasse einerlei Zeichen.

Anmerkungen.

Unter den grundlegenden Arbeiten der Potentialtheorie ragen hinsichtlich der Bedeutung, die sie für die weitere Entwickelung dieser Disciplin gehabt haben, zwei vor allen andern hervor, die hier neu abgedruckte Arbeit von *Gauss* und eine weiterhin zu erwähnende Schrift von *Green*. Zwar waren schon vor dem Erscheinen der allgemeinen Lehrsätze von *Gauss* verschiedene specielle Aufgaben aus jener Theorie gelöst, insbesondere solche, welche die Anziehung von Kugeln und Ellipsoiden betreffen. Auch waren, namentlich durch *Laplace* und *Poisson*, die sogenannten charakteristischen Eigenschaften der Körper- und Flächenpotentiale untersucht und die hauptsächlichsten diese Eigenschaften betreffenden Sätze aufgestellt. Aber erst in der *Gauss*'schen Arbeit wurden die wichtigsten jener allgemeinen Sätze auf strenge und befriedigende Art abgeleitet. Diese Ableitung bildet den Inhalt der ersten 18 Artikel der allgemeinen Lehrsätze. Weiter aber fügte *Gauss* den bisher bekannten eine Anzahl neuer, durchweg wichtiger Sätze hinzu, von denen mehrere noch jetzt als *Gauss*'sche Sätze bezeichnet zu werden pflegen, so die Sätze in Artikel 20 und 21 und namentlich der letzte Satz (Art. 37), der gleichsam das Gebäude der allgemeinen Lehrsätze krönt. Der zuletzt genannte Satz ist indessen nur eine Folgerung aus dem Hauptresultat, welches in dem Nachweis besteht, dass es stets eine und nur eine Vertheilung einer gegebenen Masse über eine Fläche giebt, derart, dass das Potential dieser Masse in allen Punkten jener Fläche vorgeschriebene Werthe annimmt. (In Bezug auf die Ableitung dieses Satzes vergleiche man übrigens die Bemerkungen zu Artikel 31—34.)

Ein Theil der von *Gauss* aufgestellten Sätze findet sich, allerdings auf ganz anderm Wege abgeleitet, in einer schon 1828 zu Nottingham gedruckten Schrift von *George Green*, die den Titel führt »An Essay on the Application of Mathematical Analysis to the Theories of Electricity and Magnetism.« Doch blieb diese Schrift, die an Bedeutung der von *Gauss* nicht nachsteht, bis zum Jahre 1846 völlig unbeachtet, selbst in England. Erst der Umstand, dass durch die Arbeit von *Gauss* das Interesse der Mathematiker und Physiker in hervorragendem Maasse auf die Potentialtheorie gelenkt war, gab die Veranlassung, dass die *Green*'sche Abhandlung durch *W. Thomson* der Vergessenheit entrissen und aufs neue in den Bänden 39, 44 und 47 des *Crelle*'schen Journals (1850, 1852, 1854) veröffentlicht wurde. (Ein dritter Abdruck der *Green*'schen Arbeit findet sich in dem Sammelwerk: Mathematical Papers of the late *George Green*; edited by N. M. Ferrers, London 1871.) Auf Grund dieser Sachlage kann man die allgemeinen Lehrsätze von *Gauss* als das Fundament bezeichnen, auf dem die heutige Potentialtheorie, die erst seitdem sich zu einer selbständigen mathematischen Disciplin entwickelt hat, aufgebaut ist. Diese Arbeit musste daher in einer Sammlung von Klassikern der exacten Wissenschaften eine hervorragende Stelle finden, und das um so mehr, da ihr Inhalt sowohl in rein mathematischer Hinsicht, als wegen seiner physikalischen Anwendungen das erheblichste Interesse darbietet.

Die *Gauss*'schen allgemeinen Lehrsätze erschienen zuerst in den Resultaten aus den Beobachtungen des magnetischen Vereins (einer von *Gauss* und *Weber* ins Leben gerufenen Vereinigung zu gleichzeitigen Beobachtungen des Erdmagnetismus) im Jahre 1839, Leipzig 1840. Sie wurden bald nachher in das Französische (*Liouville* Journ. d. Math. VII. 1842) und ins Englische (*Taylor*'s scientific memoirs 1842) übersetzt und später in *Gauss*' Werken Band V (Göttingen 1867) aufs neue abgedruckt. Eine Anzeige seiner Arbeit hat *Gauss* selbst in den Göttinger gelehrten Anzeigen vom 26. März 1840 veröffentlicht; dieselbe ist bei den folgenden Bemerkungen mitbenutzt. Dem vorliegenden Abdruck ist der oben erwähnte Originaldruck zu Grunde gelegt, doch ist die Schreibweise der Formeln insofern geändert, als die von *Jacobi* eingeführte Bezeichnung der partiellen Differentialquotienten durch runde ∂ durchweg benutzt und die übliche Schreibweise der Potenzen auch bei den zweiten Potenzen angewandt ist. Ausserdem waren einige Druckfehler (z. B. p. 15 Z. 3 v. u., p. 16 Z. 5 v. o., p. 49 Z. 3 u. 6 des Originaldruckes) zu verbessern, und an einigen wenigen Stellen erschien auch die Aenderung der Orthographie wünschenswerth; sonstige Veränderungen des Textes sind nicht vorgenommen.

Art. 1. Die hier benutzte Form des Gravitationsgesetzes, wonach die Anziehung $= \dfrac{\mu\mu'}{r^2}$ ist, setzt eine Definition der Kraft-

Anmerkungen. 53

einheit, resp. Masseneinheit voraus, die von der in der Mechanik üblichen abweicht. Das weiterhin angeführte Gesetz über die Wirkung des Elements eines galvanischen Stromes auf einen Magnetpol führt nach seinen Entdeckern den Namen *Biot-Savart'sches Gesetz*. In Betreff der am Schluss von Art. 1 in Aussicht gestellten Ausdehnung der allgemeinen Lehrsätze auf die Wirkung zwischen galvanischen Strömen und Magneten hat *Gauss* nichts veröffentlicht. Einige diesen Gegenstand betreffende Notizen findet man in den Bruchstücken »zur Elektrodynamik«, die aus *Gauss'* Nachlass im V. Bande seiner gesammelten Werke (Göttingen 1867) p. 601—630 abgedruckt sind.

Art. 2 u. 3. Dass die Componenten der Anziehung, die ein Punktsystem ausübt, sich als die partiellen Differentialquotienten einer Function darstellen lassen, ist zuerst von *Lagrange* bemerkt (Mém. de Berlin 1777 p. 155). Dieselbe Darstellung ist sodann für die Anziehung, welche eine continuirliche Masse ausübt, von *Laplace* benutzt in seiner Théorie des attractions des sphéroides et de la figure des planètes, Mém. de Paris 1782 (1785 erschienen). Der Name »Potential« für die in Rede stehende Function ist hier in Art. 3 von *Gauss* neu eingeführt, während dieselbe Function von *Green* Potentialfunction (potential function) genannt wird. *Clausius* unterscheidet in seiner Schrift »die Potentialfunction und das Potential« (zweite Auflage 1867, dritte Auflage 1877, Leipzig) zwischen jenen beiden Ausdrücken, indem er den Namen Potentialfunction anwendet, wenn es sich um die Wirkung auf eine in einem Punkte concentrirt gedachte Masse handelt, während er den Namen Potential für den Fall der Wirkung eines Massensystems auf ein anderes Massensystem reservirt. Diese Unterscheidung hat sich nicht eingebürgert; man braucht meist beide Ausdrücke, ohne zwischen ihnen zu unterscheiden. Für Kräfte, die nach einem andern als dem *Newton*'schen Gesetze wirken, ist es üblich, an Stelle des Namens Potential die von *Hamilton* eingeführte Bezeichnung Kräftefunction zu gebrauchen.

Art. 4. Die von *Gauss* als »Gleichgewichtsflächen« bezeichneten Flächen constanten Potentials pflegen auch »Niveauflächen«, ihre senkrechten Trajectorien (die Linien s des Artikels 4) »Kraftlinien« genannt zu werden.

Art. 5. Die Gleichung

$$\frac{\delta^2 V}{\delta x^2} + \frac{\delta^2 V}{\delta y^2} + \frac{\delta^2 V}{\delta z^2} = 0,$$

die man vielfach auch abgekürzt
$$\Delta V = 0 \text{ oder } \Delta_2 V = 0$$
zu schreiben pflegt, führt den Namen »*Laplace*'sche Gleichung« oder »*Laplace*'sche Differentialgleichung«. Dieselbe ist von *Laplace* in der bei Art. 2 und 3 citirten Arbeit, sowie in der Mécanique céleste aufgestellt, doch ohne die nöthige Einschränkung auf Punkte ausserhalb der Masse.

Art. 6. Durch Einführung von Polarcoordinaten, deren Anfangspunkt im angezogenen Punkt liegt, erkennt man zwar, dass V und X endlich bleiben, auch wenn der angezogene Punkt der Masse angehört. Die transformirten Ausdrücke lassen aber nicht unmittelbar erkennen, dass auch jetzt noch $X = \dfrac{\partial V}{\partial x}$ ist.

Clausius führt daher in seinem oben genannten Buche die Transformation so aus, dass der angezogene Punkt auf einer Axe eine veränderliche Lage hat und erst nachträglich in den Mittelpunkt des Polarcoordinatensystems rückt.

Ein von dem *Clausius*'schen verschiedener Beweis, der die Differentiation unter dem Integralzeichen vermeidet, findet sich in der Dissertation von *Hölder*: Beiträge zur Potentialtheorie, Stuttgart 1882.

Art. 8—11. Die Gleichung
$$\frac{\partial^2 V}{\partial x^2} + \frac{\partial^2 V}{\partial y^2} + \frac{\partial^2 V}{\partial z^2} = -4\pi k \text{ oder } \Delta V = -4\pi k$$
führt den Namen *Poisson*'sche oder *Laplace-Poisson*'sche Gleichung. *Poisson* hat zuerst (Bulletin de la société philomatique 1812 t. 3 p. 388) darauf aufmerksam gemacht, dass die *Laplace*'sche Gleichung nur für Punkte ausserhalb der Masse gültig sei, und er hat dann für Punkte der Masse die *Laplace*'sche Gleichung durch die nach ihm selbst genannte ersetzt; doch ist es ihm nicht gelungen, diese Gleichung auf strenge Art zu beweisen. Dies blieb vielmehr *Gauss* in der vorliegenden Darstellung vorbehalten. Neu ist hier auch die am Schluss der Art. 8 und 11 gemachte Bemerkung, die sich gegen *Poisson* richtet, dass der Ausdruck
$$\frac{\partial^2 V}{\partial x^2} + \frac{\partial^2 V}{\partial y^2} + \frac{\partial^2 V}{\partial z^2}$$
für die Oberfläche des mit Masse erfüllten Raumes seine Bedeutung verliert. Die in Art. 10 benutzten Hülfsformeln, welche die Elemente einer beliebigen Fläche durch die entsprechenden

Elemente der Einheitskugel darstellen, finden sich schon in *Gauss'* Abhandlung »Theoria attractionis corporum sphaeroidicorum ellipticorum homogeneorum, veröffentlicht in den Commentationes societatis regiae scientiarum Gottingensis recentiores Vol. II, 1813.

Von andern Ableitungen der *Poisson*'schen Gleichungen sind besonders erwähnenswerth die von *Riemann* (Schwere, Elektricität und Magnetismus, herausgegeben von *Hattendorf*, Hannover 1876), die von *Hölder* (cf. Bemerkungen zu Art. 6), die nicht, wie die meisten andern Beweise, die Differentiirbarkeit von k voraussetzt, endlich die von *Kronecker*, der zuerst eine allgemeinere, auf das Potential, das zwei räumliche Massen auf einander ausüben, bezügliche Gleichung aufstellt und daraus die *Laplace-Poisson*'sche Gleichung als speciellen Fall ableitet (*Crelle-Borchardt* Bd. 70, 1869).

Art. 11. Dass die abgeleiteten Eigenschaften des Körperpotentials in Verbindung mit dem Verhalten desselben, wenn der angezogene Punkt ins Unendliche rückt, charakteristische sind, also das Potential eindeutig bestimmen, hat zuerst *Dirichlet* gezeigt (Sur un moyen général de vérifier l'expression du potentiel, *Crelle J.* Bd. 32, 1846). Nach andrer Richtung sind die *Gauss*'schen Untersuchungen von *Lipschitz* und *Cristoffel* erweitert, welche auch Massen, die sich ins Unendliche erstrecken, in Betracht gezogen haben (*Crelle-Borchardt J.* Bd. 61, 64).

Art. 13. Der Satz über den Unterschied der normalen Anziehungscomponenten einer Fläche, je nachdem der angezogene Punkt auf einer oder der andern Seite der Fläche liegt, ist zuerst von *Poisson* (Mémoire sur la distribution de l'électricité, Mémoires de l'Institut T. XII, 1811) gefunden; auf die nicht normalen Anziehungscomponenten ist derselbe von *Cauchy* ausgedehnt (Bulletin de la société philomatique 1815). Das Verhalten des Flächenpotentials und seiner ersten Ableitungen, sowie der Unterschied zwischen diesen Ableitungen und den Anziehungscomponenten für den Fall, dass der angezogene Punkt der Fläche selbst angehört, ist zuerst von *Gauss* in der vorliegenden Abhandlung festgestellt. Uebrigens findet sich der Satz über die Ableitung des Flächenpotentials nach der Normale auch bei *Green*.

Art. 14. Andere Beispiele für die Sätze vom Flächenpotential hat *Dirichlet* in seinen Vorlesungen gegeben, indem er die Anziehung einer unendlich dünnen Schicht betrachtete, die von zwei ähnlichen und ähnlich liegenden Ellipsoiden oder von zwei confocalen Ellipsoiden begrenzt wird. (cf. *Dirichlet's* Vorlesungen, herausgegeben von *Grube*, Leipzig 1876, wo indessen nur das erste Beispiel mitgetheilt ist.)

Art. 15—18. Ein sehr eleganter und einfacher Beweis der hier abgeleiteten Sätze ist kürzlich von *Weingarten* veröffentlicht (Acta mathematica Band X, 1887). Ein anderer Beweis findet sich bei *Hölder* (cf. die Bemerkung zu Art. 6).

Art. 18. Auch in Bezug auf das Flächenpotential hat *Dirichlet* gezeigt, dass die abgeleiteten Eigenschaften charakteristische sind (cf. Bemerkung zu Art. 11). Von Erweiterungen der das Flächenpotential betreffenden Sätze seien erwähnt die Untersuchungen von O. *Hölder* (Dissertation 1882) über das Verhalten der Ableitungen des Potentials am Rande einer mit Masse belegten Fläche; ferner die Arbeiten von *C. Neumann* (Math. Ann. XVI), *Beltrami* (Annali di Mat. (2) X) und *Horn* (*Schlömilch* Z. XXVI, 1881) über die Discontinuitäten der zweiten und höheren Differentialquotienten des Flächenpotentials.

Art. 20. Diesen Satz, der sich auch so aussprechen lässt: »Der Mittelwerth des Potentials auf der Kugelfläche R ist gleich $V^0 + \dfrac{M^0}{R}$« bezeichnet *C. Neumann* in seinem Werke: Untersuchungen über das logarithmische und *Newton*'sche Potential (Leipzig 1877) als den *Gauss*'schen Satz des arithmetischen Mittels. Ein andrer Beweis des Satzes lässt sich durch Anwendung der Kugelfunctionen führen. Eine Ausdehnung des Satzes auf andere geschlossene Flächen findet man bei *C. Neumann* in dem eben citirten Buche p. 98.

Art. 22. Der hier angeführte, der Theoria attractionis corporum sphaeroidicorum ellipticorum entnommene Hülfssatz ergiebt sich unmittelbar durch Anwendung der schon in Art. 10 benützten Formeln für die Flächenelemente. Wichtig ist die diesen Hülfssatz betreffende Bemerkung am Schluss des Artikels.

Art. 24. Während die in den Artikeln 19—23 aufgestellten Sätze *Gauss* eigenthümlich sind, ist die in Art. 24 abgeleitete Gleichung ein besonderer Fall einer *Green*'schen Formel. (Der Satz in Art. 23 lässt sich ebenfalls aus den *Green*'schen Formeln ableiten, kommt aber bei *Green* selbst nicht vor.)

Art. 25. Die in Art. 25 und 26 ausgesprochenen Sätze hebt *Gauss* in der oben erwähnten Selbstanzeige noch besonders hervor; dort hat der Satz 25 folgenden Wortlaut: »Wenn eine geschlossene Fläche eine Gleichgewichtsfläche für die Anziehungs- oder Abstossungskräfte von Massen ist, die sich sämmtlich im äussern Raume befinden, so ist die Resultante der Kräfte sowohl in jedem Punkte jener Fläche, als auch in jedem Punkte des ganzen innern Raumes nothwendig $= 0$«.

Diesem Satze ist folgende gegen *Poisson* gerichtete Bemerkung hinzugefügt: »*Poisson* bemerkt in seiner berühmten Abhandlung über die Vertheilung der Elektricität an der Oberfläche leitender Körper« (cf. Bemerkung zu Art. 13), »dass es zur Erhaltung eines beharrlichen elektrischen Zustandes eines elektrisirten leitenden Körpers nicht zureichend sei, dass die innere Grenzfläche der freien, an der Oberfläche des Leiters befindlichen Elektricität eine Gleichgewichtsfläche sei, sondern noch ausserdem erforderlich, dass diese Elektricität auch in keinem Punkte des innern Raumes Anziehung oder Abstossung ausübe.

Das oben erwähnte Theorem beweist dagegen, dass allerdings die erste Bedingung allein hinreicht, insofern sie die zweite als eine nothwendige Folge schon in sich begreift.«

Art. 26. Dieser Satz lautet in der Selbstanzeige: »Ein zweites Theorem bezieht sich auf den andern Fall, wo die anziehenden oder abstossenden Massen sich innerhalb des von einer geschlossenen Fläche begrenzten Raumes befinden. Hier wird in jedem Punkte der Fläche, wenn sie eine Gleichgewichtsfläche ist, die resultirende Kraft nach Einerlei Seite gerichtet sein, auch wenn anziehende und abstossende Massen zugleich vorhanden sind; je nachdem nämlich das Aggregat der ersteren, oder das der anderen das grössere ist, wird die Resultante in allen Punkten nach innen oder nach aussen gerichtet sein: ist aber das Aggregat der anziehenden Massen dem der abstossenden gleich, so wird, wenn es überhaupt eine geschlossene und einschliessende Gleichgewichtsfläche giebt, die Resultante der Kräfte in jedem Punkte derselben und zugleich im ganzen äussern Raume $= 0$ sein.

Art. 25—28. Weitere Untersuchungen über constante und extreme Werthe des Potentials findet man bei *C. Neumann* in dem bei Art. 20 citirten Buche, sowie Math. Ann. III p 424.

Art. 30. In seiner Selbstanzeige fügt *Gauss* dem am Schluss dieses Artikels ausgesprochenen Resultate die Bemerkung hinzu: »Gerade das Gegentheil dieses Theorems,« (dass nämlich eine derartige Massenvertheilung auf einer geschlossenen Fläche, bei der das Potential in jedem Punkte der Fläche constant ist, nur auf eine einzige Art möglich ist), »war unlängst von einem geschickten Geometer behauptet, in einer der Pariser Akademie der Wissenschaften gemachten Mittheilung (Comptes rendus 1839 No. 6).« Diese Bemerkung richtet sich gegen *Chasles*.

Auf ein System von mehreren Flächen ist der Satz dieses Artikels zuerst von *Liouville* ausgedehnt. Vergleiche auch die Vorlesungen von *Dirichlet*, Abschnitt VI.

Art. 31—34. Das Hauptresultat (Art. 33), welches *Gauss* selbst den wichtigsten Satz seiner ganzen Untersuchung nennt, deckt sich im wesentlichen mit folgendem Satze, der unter dem Namen des *Dirichlet*'schen Princips bekannt ist: »Es giebt immer eine und nur eine Function u von x, y, z für einen beliebigen begrenzten Raum, die selbst und deren Differentialquotienten erster Ordnung stetig sind, die innerhalb jenes ganzen Raumes die Gleichung

$$\frac{\partial^2 u}{\partial x^2} + \frac{\partial^2 u}{\partial y^2} + \frac{\partial^2 u}{\partial z^2} = 0$$

erfüllt, und sich in jedem Punkte der Oberfläche auf einen gegebenen Werth reducirt« (cf. *Dirichlet's* Vorlesungen, herausgegeben von *Grube*, Leipzig 1876, p. 127). Allerdings ist das *Dirichlet*'sche Princip insofern allgemeiner, als es sich nicht nur auf Räume bezieht, die von geschlossenen Flächen begrenzt werden.

Gauss und *Dirichlet* stützen sich bei dem Beweise ihrer Sätze beide darauf, dass ein gewisses Raumintegral ein Minimum wird, bei *Dirichlet* das Integral

$$\int \left\{ \left(\frac{\partial u}{\partial x}\right)^2 + \left(\frac{\partial u}{\partial y}\right)^2 + \left(\frac{\partial u}{\partial z}\right)^2 \right\} dT.$$

Diese Art der Beweisführung wird heute nicht mehr für einwandfrei gehalten, weil derselben unbewiesene Voraussetzungen zu Grunde liegen. (Siehe *Heine* »Ueber einige Voraussetzungen beim Beweise des *Dirichlet*'schen Princips«, Göttinger Nachrichten 1871 und Math. Ann. IV, 626).

Insbesondere wird die Zulässigkeit der Annahme, dass stets eine Function existiren müsse, die das betreffende Integral zu einem Minimum macht (*Gauss* spricht in Art. 33 von der Evidenz, mit welcher die Existenz eines Minimums erkannt wird), angezweifelt. Diese Bedenken scheinen zuerst von *Weierstrass* und *Kronecker* geäussert zu sein, doch haben beide nichts über den Gegenstand veröffentlicht. *C. Neumann* beanstandet ausser den Variationsmethoden noch die Benutzung unbekannter Flächen als Operationsmittel. Er spricht sich p. 112 seines oben citirten Buches folgendermaassen aus:

»Dass die im Vorstehenden reproducirte *Gauss*'sche Beweisführung auch dann noch gültig sei, wenn die geschlossene Fläche **unendlich viele** Ecken besitzt, wird Niemand behaupten wollen. — Hiermit will ich keineswegs das Verdienst von *Gauss* schmälern, sondern nur auf das Ziel hinweisen, welches bei derartigen Untersuchungen im Auge zu behalten ist. Dieses Ziel nämlich kann nach meiner Ansicht nicht in dem Suchen nach einem absolut strengen Beweise für ganz **nebelhaft** vorschwebende Flächen bestehen, sondern nur in einer genaueren Determination derjenigen Flächen, für welche ein absolut strenger Beweis überhaupt möglich ist. Und selbst diese Aufgabe würde unfruchtbar sein, wenn man es dabei auf eine **völlige Erschöpfung** der bezeichneten Flächen absehen wollte. Aussicht auf Erfolg wird man nur dann haben, wenn man unter diesen Flächen **möglichst umfangreiche Klassen** festzustellen sich bescheidet.«

Die neueren Untersuchungen haben daher zum Nachweise der Existenz einer Function, die im Innern eines gegebenen Raumes nebst ihren Ableitungen eindeutig und stetig ist, daselbst der Gleichung $\varDelta V = 0$ genügt und an der Begrenzung vorgeschriebene Werthe annimmt, einen andern Weg eingeschlagen, der in der Aufsuchung von Vorschriften zur wirklichen Aufstellung jener Function besteht. So ist insbesondere jener Existenzbeweis durch die Methode des arithmetischen Mittels von *C. Neumann* (cf. das oben citirte Buch) für Polyeder geliefert, die überall längs ihrer Kanten convex nach aussen sind; durch die Combinationsmethoden von *Schwarz* [von diesem allerdings nur bei dem entsprechenden Problem der Ebene, cf. Berl. Monatsber. 1870] und *C. Neumann* ist weiter der Nachweis für Polyeder mit einspringenden Flächenwinkeln erbracht. Auf diese Arbeiten gestützt, hat dann *A. Harnack* (Leipziger Ber. 1886 p. 144) gezeigt, wie und unter welchen Voraussetzungen man zur wirklichen Aufstellung jener Function für andere Flächen gelangen kann (Vergl. auch zwei neuere Aufsätze von *C. Neumann* in den Abhandlungen der Leipziger Gesellschaft der Wissenschaften, Mathem.-Physikal. Abtheilung, Band XIII, XIV, 1887, 1888).

Art. 35. Die Coefficienten der hier vorkommenden nach fallenden oder steigenden Potenzen von r fortschreitenden Reihen sind Kugelfunctionen mit zwei Veränderlichen. Das Citat p. 47 Z. 6 bezieht sich auf die auch im Art. 36 erwähnte Arbeit von *Gauss* »Allgemeine Theorie des Erdmagnetismus«, wo in Abschnitt 18 die Differentialgleichung der Kugelfunctionen abgeleitet ist. Hinsichtlich des Beweises des weiterhin angewandten Satzes, dass eine Function der Veränderlichen μ, λ nur auf eine Art in eine nach Kugelfunctionen fortschreitende Reihe entwickelt werden kann, vergleiche man *Heine*, Handbuch der Kugelfunctionen, 2. Auflage, Berlin 1878, Bd. I p 326.

Art. 36. Ein Beispiel für diesen wichtigen Satz, den man den Satz von der äquivalenten Massentransposition genannt hat, hat *Dirichlet* in seinen Vorlesungen mitgetheilt (in der Ausgabe von *Grube* ist dasselbe nicht enthalten), indem er mittelst des *MacLaurin*'schen Satzes zeigte, dass die Anziehung, welche ein homogenes Ellipsoid auf einen äussern Punkt ausübt, durch die Anziehung einer unendlich dünnen, von zwei confocalen Ellipsoiden begrenzten Schale mit derselben Masse ersetzt werden kann.

Die am Schluss citirten *Gauss*'schen Arbeiten, die einen Specialfall des Satzes betreffen, sind enthalten in den Commentationes societatis regiae scientiarum Gottingensis recentiores Vol. VIII, 1841 [einzelne Arbeiten aus diesem Bande sind früher veröffentlicht, so die *Gauss*'sche 1833], resp. in »Resultate aus den Beobachtungen des magnetischen Vereins im Jahre 1838, Leipzig 1839.

Halle a. S., den 7. April 1889.

A. Wangerin.